21 世纪应用型本科计算机专业实验系列教材

C++程序设计工程化 实验教程

总主编　常晋义

编　著　赵建洋　于长辉　王晓燕

副主编　吴克力　韩立毛

参　编　张亚红　于永彦　王文豪

　　　　刘作军　孙成富　杨荣根

　　　　戴峻峰

主　审　李秉璋

U0361309

南京大学出版社

图书在版编目(CIP)数据

C++程序设计工程化实验教程 / 赵建洋，于长辉，王晓燕编著. —南京：南京大学出版社，2011.8(2023.8重印)
21世纪应用型本科计算机专业实验系列教材
ISBN 978-7-305-08670-0

Ⅰ. ①C… Ⅱ. ①赵… ②于… ③王… Ⅲ. ①C语言－程序设计－高等学校－教材 Ⅳ. ①TP312

中国版本图书馆 CIP 数据核字(2011)第 155757 号

出版发行　南京大学出版社
社　　址　南京市汉口路 22 号　　　　邮　编　210093
出版人　金鑫荣

丛书名　21世纪应用型本科计算机专业实验系列教材
书　　名　C++程序设计工程化实验教程
总主编　常晋义
编　著　赵建洋　于长辉　王晓燕
主　审　李秉璋
责任编辑　樊龙华　　　　　　　　编辑热线　025-83597482
照　排　南京南琳图文制作有限公司
印　刷　江苏凤凰通达印刷有限公司
开　本　787×960　1/16　印张 19.25　字数 407 千
版　次　2023 年 8 月第 1 版第 5 次印刷
ISBN 978-7-305-08670-0
定　价　49.00 元

网址：http://www.njupco.com
官方微博：http://weibo.com/njupco
微信服务号：njuyuexue
销售咨询热线：(025)83594756

21 世纪应用型本科计算机专业实验系列教材

序　言

　　实践教学是巩固基本理论和基础知识、提高学生分析问题和解决问题能力的有效途径,是应用型本科院校培养具有创新意识的高素质应用型人才的重要环节。

　　计算机专业课程的特点,使得实验教学无论在掌握计算机学科理论和原理,还是培养学生运用计算机解决应用问题的能力方面,都占有十分重要的位置。为了进一步推进实践教学质量的提高,由江苏省应用型本科院校联合组织来自计算机专业教学一线的教师,编写了"21 世纪应用型本科计算机专业实验系例教材"。教材涵盖了计算机基础训练、软件基础训练、硬件基础训练、信息系统与数据库训练、网络工程训练、综合设计训练等六大重要实践体系,包括了实验指导和实验报告、实训练习等组成部分,为应用型本科计算机专业教学提供教学参考与交流平台。

　　实验指导和实验报告是教材的主体。实验指导用来指导学生完成一些基本功能的练习,为最后完成实验报告打下基础。在此基础上,通过实验教师的辅导,学生独立完成实验报告中综合性的实验任务。实验的安排按照"点—线—面"循序渐进的方式进行。"点"即验证性实验,实现课程中需要学生动手做的实验;"线"指设计性实验,应用一个知识点解决实际问题;"面"是综合性实验,应用几个知识点解决实际问题。

　　实训练习用于课外提高,题目内容提高了复杂性和综合性,注意了应用背景的描述,注重了知识的综合运用和应用环境的设计。结合学科领域新技术、新方法,增加综合性、设计性、创新性实验,将最新科技成果融入到实验教材和实验项目中,有利于学生创新能力培养和自主训练。

　　实验教材的编写出版得到了江苏省应用型本科院校的支持与积极参与,各院校精心挑选经验丰富的教师参与教材编写,并对选择的实验体系与实验内容进行了广泛讨论和系统优化,使其具有代表性、先进性和实用性。教材编写中力求简明实用、条理清晰，突出实验原理、实验方法，便于学生对实验原理的理解和指导实验操作。体现了认知上的循序渐进，利于教师因材施教和学生能力培养，以适合应用型人才培养的需要。

实验教材的编辑出版凝聚了江苏省应用型本科计算机专业教学一线教师的经验和智慧，也是应用型本科计算机专业教学成果的一次展示。在出版、使用和教学中，编委会将广泛听取读者的意见和建议，不断探索，总结经验，逐步完善教材体系，不断更新教学内容，充分发挥实验教材在应用型人才培养中的作用。

真诚希望使用本系列教材的教师、学生和读者朋友提出宝贵意见或建议，以便进一步修订，使教材不断完善。编委会的邮箱是：testbooks@163.com。

编委会
2010 年 7 月

前　　言

C++语言程序设计的实践教材不少,大都针对C++语言的各个知识点对学生进行程序设计的验证或设计,也有一些教材编有课程设计,针对一些算法问题进行编程设计。随着软件行业的大量兴起,特别是软件外包需求的大量增加,软件的工程化思想已逐渐成为软件开发的核心内容。而事实是,一方面,企业需要有更多能够胜任软件编程与项目管理的软件人才,另一方面,高校培养的软件人才又无法满足这些要求,产生这一矛盾的根源在于学校的对于软件人才的培养没有充分考虑企业的工程化需求。体现在教材上就是实践教材只注重知识点的训练,而忽略了工程项目的组织和训练。

本书教材力图将C++语言的知识点训练以工程训练思想进行组织,让学生在掌握语言编程训练的同时能够得到工程项目训练。主要内容包括实验部分(针对语言知识训练)和工程训练,其中设置了16个实验,考虑到学生的实际需求和个人目标的不同,采用分层教育的思想,基本知识的每个部分都分为基础题、提高题和综合题。教师对学生的完成情况进行分组评分,完成基础题就可以认为基本通过,完成综合题的就是优秀,提高题介于两者之间。

工程训练共安排了12个,实验中的基本知识和工程训练部分的内容是紧密相联的,工程训练部分来源于一个完整的学生成绩管理系统,而实验的基本知识部分又是形成工程训练部分的主要内容,学生完成实验后就能得到一个完整的工程,这不仅使学生得到编程训练,同时增加了学生的成就感和学习兴趣。

工程训练与实验统筹安排,将各个实验的知识点穿插在各个工程训练中,具体安排如下。

(1) 工程训练1:学生成绩管理系统——变量与条件选择篇,涉及的知识点有基本输入输出、表达式运算及简单的选择结构,学生完成前3个实验单元后,根据所学知识已有能力完成简单的学生成绩管理系统,故该工程训练部分安排在实验三后面。

(2) 工程训练2:学生成绩管理系统——循环与数组篇,该工程使用数组存放数据,且大部分操作使用循环结构实现,故该工程训练部分安排在实验五后面。

(3) 工程训练3:学生成绩管理系统——函数与头文件篇,从该工程开始,对功能进行划分,各模块由函数实现,并采用多文件结构实现系统,使得系统的框架更加清晰易读,数据结构仍采用数组形式,故该工程训练部分安排在实验六后面。

(4) 工程训练 4:学生成绩管理系统—结构体篇,采用结构体组织数据,可与数组方式作比较。

(5) 工程训练 5:学生成绩管理系统—链表篇,使用链表来存储数据,且系统的功能有了很大的扩充,在前面已有的基础上,又加了一些新功能,如插入学生结点、查找学生结点等,两个工程训练部分均安排在实验八的后面。

(6) 工程训练 6:学生成绩管理系统—类和对象篇,将工程训练 4 结构体篇进行修改,功能基本相同,采用类结构实现,将原来的函数改为类的成员函数即可。

(7) 工程训练 7:学生成绩管理系统—类的继承与派生篇,将工程训练 6 的类进行修改,增加了基类,学生类在基类的基础上派生而来,类中的结构与工程 6 不同,数据的组织形式采用的是对象数组。

(8) 工程训练 8:学生成绩管理系统—输入输出流篇,将工程训练 7 中的公共变量,对象数组的初始化,改为从文件中读取数据;计算结果写入文件中去。

(9) 工程训练 9:学生成绩管理系统—类模板篇,将工程 7 中的类设置为模板。

(10) 工程训练 10:学生成绩管理系统—MFC 单文档数据库篇,将数据的组织形式是数据库,有数据库的建立、创建数据源、创建 MFC 单文档应用程序、显示数据表。

(11) 工程训练 11:学生成绩管理系统—MFC 单文档图形篇,自己写代码实现数据库记录的移动,在学生信息中增加了照片信息,随着记录的移动,显示不同学生的照片。

(12) 工程训练 12:学生成绩管理系统—MFC 多文档图形篇,用四个文档显示数学、语文、英语、C++四门课程的成绩分布。

在工程化的教学组织方式上也做了大胆尝试,全部实践文档采用项目管理软件(如VSS)进行组织,用团队方式进行分组管理。考虑到这部分的知识需求同时又不影响教材的系统性,将 VSS 的介绍安排在附录 1 中。

教材中很多内容都是自主编写,所有程序都通过验证,且都以电子文档的方式提供,减少了学生基础训练的录入时间,这可为工程训练省出更多时间。全书由江苏技术师范学院李秉璋老师主审,在此表示感谢!

编　者

2011 年 6 月

目　　录

实验 1 　熟悉 Visual C++ 6.0 开发环境

1.1　实验目的和要求

（1）学习VC++ 6.0集成环境，掌握源程序编辑方法；

（2）掌握在VC++集成开发环境中编译、调试与运行程序的方法；

（3）通过运行简单的C++程序，初步了解C++源程序的特点。

1.2　相关知识点

1.2.1　C++程序的开发步骤

C++语言是一种编译性的语言，设计好一个C++源程序后，需要经过编译、连接、生成可执行的程序文件，然后执行并调试程序。一个C++程序的开发过程可分成如下几个步骤：

（1）分析问题。根据实际问题，分析需求，确定解决方法，并用适当的工具描述它。

（2）编辑程序。编写C++源程序，并利用一个编辑器将源程序输入到计算机中的某一个文件中。文件的扩展名为.cpp。

（3）编译程序。编译源程序，产生目标程序。文件的扩展名为.obj。

（4）连接程序。将一个或多个目标程序与库函数进行连接后，产生一个可执行文件。文件的扩展名为.exe。

（5）运行调试程序。运行可执行文件，分析运行结果。若有错误进行调试修改。

在编译、连接和运行程序过程中，都有可能出现错误，此时要修改源程序，并重复以上过程，直到得到正确的结果为止。

1.2.2　C++程序上机操作方法

Visual C++ 6.0系统包含了许多独立的组件，如编辑器、编译器、调试器以及各种各样为开发 Windows 环境下的C++程序而设计的工具。其中最重要的是一个名为 Developer Studio 的集成开发环境（IDE）。Developer Studio 把所有的 Visual C++工具结合在一起，集成为一个由窗口、对话框、菜单、工具栏、快捷键及宏组成的和谐系统，通过该集成环境，程序员可以观察和控制整个开发进程。

使用 Visual C++ 6.0 调试 C++ 程序要经过以下几个步骤：

1. 启动 Visual C++ 6.0 系统

启动 Visual C++ 6.0 系统有很多种方法，最常见的是通过鼠标单击"开始"菜单，选择"程序"，选择"Microsoft Visual Studio 6.0"，选择"Microsoft Visual C++ 6.0"启动 Visual C++ 6.0。如果已经在桌面上建立了"Microsoft Visual C++ 6.0"图标，则也可用鼠标双击该图标启动 Visual C++ 6.0。Visual C++ 6.0 启动成功后，就产生如图 1 - 1 所示的 Visual C++ 集成环境。

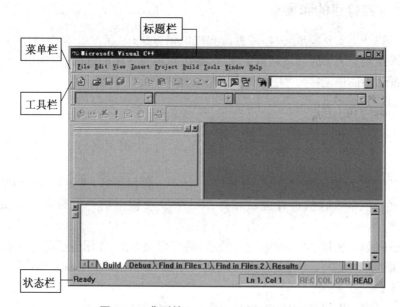

图 1 - 1　典型的 Developer Studio 主窗口

这是一个典型的 Developer Studio 主窗口。它分为几个部分：窗口顶部是菜单和工具栏，其中包括"File（文件）"、"Edit（编辑）"、"View（视图）"、"Insert（插入）"、"Project（项目）"、"Build（编译、连接和运行）"、"Tools（工具）"、"Windows（窗口）"、"Help（帮助）"等菜单，分别对应一个下拉子菜单。左面的一个子窗口是工作区窗口，工作区的右面是编辑子窗口。最下面是输出子窗口。

除了各种对话框外，Developer Studio 显示两种类型的窗口，即文档窗口和停靠窗口。文档窗口是一般的带边框子窗口，其中含有源代码文本或图形文档。Window 子菜单中列出了在屏幕上以平铺方式还是以层叠方式显示文档窗口的命令。所有其他的 Developer Studio 窗口，包括工具栏和菜单栏，都是停靠式窗口。

开发环境有两个主要的停靠窗口——Workspace（工作区）窗口和 Output（输出）窗口。

另外还有一个 Debugger(调试器)停靠窗口,只在调试过程中显示。

停靠窗口可以固定在 Developer Studio 用户区的顶端、底端或侧面,或者浮动在屏幕上任何地方。停靠窗口,不论是浮动着的或是固定着的,总是出现在文档窗口的上面。这样,就保证了当焦点从一个窗口移到另一个时,浮动的工具栏一直都是可见的。但这也意味着,文档窗口偶尔会看起来像消失了似的。例如,如果正在文本编辑器中编辑源代码,此时打开一个占据整个 Developer Studio 用户区的停靠窗口,源代码文档就会消失,它隐藏在新窗口之下。解决方法是要么关了覆盖的窗口,要么把它拖到不挡眼的地方去。

值得注意的是,上述各种部件,包括子窗口、菜单栏和工具栏的位置不是一成不变的,可以根据个人的喜好重新安排。

2. 创建项目文件

通常都是使用项目的形式来控制和管理C++程序文件,C++的项目中存放特定程序的全部信息,包含源程序文件、库文件、建立程序所用的编译器和其他工具的清单。C++的项目以项目文件的形式存储在磁盘上。

生成项目的操作步骤为:

(1) 选择集成环境中的"File"菜单中的"New"命令,产生"New"对话框,如图 1-2 所示。

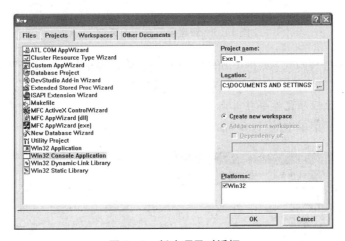

图 1-2　新建项目对话框

(2) 选择对话框中的"Projects"标签,以便生成新的项目。在产生新项目时,系统自动生成一个项目工作区,并将新的项目加入到该项目工作区中。

(3) 在项目类型清单中,选择"Win32 Console Application"项目,表示要生成一个 Windows 32 位控制台应用程序的项目。

(4) 在"Location"文本框中输入存放项目文件的文件夹路径,如"C:\DOCUMENTS AND SETTINGS\YU YONG YAN\桌面\新建文件夹"。

（5）在"Project Name"文本框中输入项目名。例如：Exe1_1。

（6）检查"Platforms"文件框中是否已显示"Win 32"，表示要开发 32 位的应用程序。

（7）单击"New"对话框中的"OK"按钮。产生一个对话框向导，如图 1 - 3 所示。

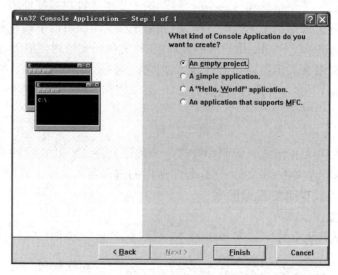

图 1 - 3　新建项目向导对话框

选"An empty project"，按下"Finish"按钮，显示验证对话框，直接按"OK"按钮，这时就产生了一个项目文件。系统自动加上文件扩展名".dsw"。

3. 创建 C++源程序文件并将其加入到项目文件

（1）选择"File"菜单中的"New"命令，则产生"New"对话框，如图 1 - 4 所示。

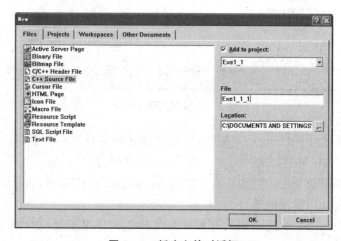

图 1 - 4　新建文件对话框

（2）选择对话框中的"Files"标签。

（3）在文件类型清单中，选择"C++ Source File"项目，表示要生成一个C++源程序。

（4）在"File"文本框中输入C++源程序文件名。系统自动加上文件扩展名".cpp"。例如：Exe1_1_1.cpp。

（5）若"Add to project"复选框没有选中，则单击该复选框使其选中，表示系统要将指定的源程序文件加入到当前的项目文件中。

（6）单击"OK"按钮。这时就建立了一个新的C++源程序文件，并已加入到了当前的项目文件中。产生如图1-5所示的窗口。

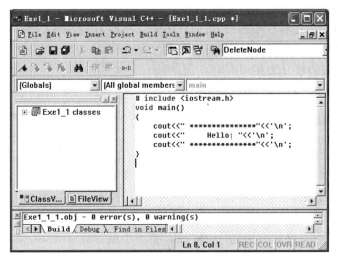

图 1-5　Visual C++ 6.0 工作窗口

该窗口有三个子窗口，左边的子窗口为项目工作区窗口；右边的子窗口为源程序编辑窗口，用于输入或编辑源程序；下边的窗口为信息输出窗口，用来显示出错信息或调试程序的信息。

4. 输入和编辑源程序

在源程序编辑窗口输入源程序代码，如图1-5所示。

5. 保存源程序文件

选择"File"菜单中的"Save"命令，将源程序保存到相应的文件中。

6. 编译和连接

选择"Build"菜单中的"Compile"或"Build"命令，将源程序编译或编译连接，产生可执行文件。系统自动加上文件扩展名".exe"。例如：Exe1_1_1.exe。

在编译和连接期间，若出现错误，则在信息输出窗口给出错误或警告信息。改正错误后，重新编译或编译连接源程序，直到没有错误为止。

7. 运行

选择"Build"菜单中的"Execute"命令,则在VC++集成环境的控制下运行程序。被启动的程序在控制台窗口下运行,与 Windows 中运行 DOS 程序的窗口类似。如图 1-6 所示。

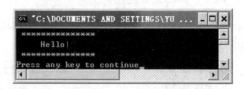

图 1-6　运行结果

注意:也可以单击工具栏中的"!"按钮(BuildExecute)或者按快捷键"Ctrl+F5",直接编译与运行源程序。

8. 打开已存在的项目文件

可用两种方法打开已存在的项目文件:

(1) 选择"File"菜单中的"Open workspace"命令,然后在弹出的对话框中选择要打开的项目文件。

(2) 选择"File"菜单中的"Recent workspaces"命令,然后再选择相应的项目文件。

特别提醒:在调试一个应用程序时,Visual C++集成环境一次只能打开一个项目文件。当一个程序调试完成后,要开始输入另一个程序时,必须先关闭当前的项目文件,然后为新源程序建立一个新的项目文件。否则将出现不可预测的错误。

关闭当前的项目文件的方法是:选择"File"菜单中的"Close workspace"命令。

9. 退出 Visual C++集成环境

选择"File"菜单中的"Exit"命令,可以退出集成环境。

 ## 1.3　实验内容

【基础题】

(1) 设计一个C++程序,输出以下信息:

```
***************
        Hello!
***************
```

分析:按照上述的程序开发步骤,首先创建一个新的工程,其次添加一个源程序文件,源程序参考如下。最后在环境中编译连接,执行后可看到屏幕输出结果。

```
# include <iostream. h>
void main()
{  cout<<" ************** "<<'\n';
   cout<<"     Hello!"<<'\n';
   cout<<" ************** "<<'\n';
}
```

（2）设计一个程序，从键盘输入一个圆的半径，求其周长和面积。

分析：半径值可通过 cin 从键盘输入，周长和面积可用 cout 输出到屏幕上。参考程序如下：

```
# include <iostream. h>
void main()
{ float area,s,r;
   cout<<"请输入圆的半径:"<<endl;
   cin>>r;
   area=3.14159 * r * r;
   s=2 * 3.14159 * r;
  cout<<" 圆的面积为:" <<area<<endl;
  cout<<"圆的周长为:"<<s<<endl;
 }
```

（3）设计一个程序，从键盘输入一个小写字母，将它转换成大写字母。

提示：大小写字母的 ASCII 码相差 32，或者由 'a'－'A' 求得 32。请同学们自己完成程序。

实验 2　数据类型、表达式和输入输出

2.1　实验目的和要求

（1）掌握C++语言数据类型，熟悉如何定义一个变量以及对它们赋值的方法；

（2）学会使用C++的有关算术运算符，以及包含这些运算符的表达式；

（3）掌握数据的输入输出的方法。

2.2　相关知识点

2.2.1　标识符

标识符是一个字符序列，用来标识变量、函数、数据类型等。

命名规则：

（1）所有标识符必须以字母（大小写均可）或下划线开头；

（2）标识符的其他部分可以用字母、下划线或数字（0～9）组成；

（3）标识符的大小写是有区别的，例如 abc 与 ABC 表示两个不同的标识符；

（4）不能是C++关键字。

注意：标识符中不可出现非法字符如'.'、'?'等，且不能以数字开头。

2.2.2　数据类型

C++语言的数据类型包括两大类：基本数据类型和复合数据类型。它的分类及构成如下：

基本数据类型包括：布尔型、字符型、整型、浮点型（单精度和双精度）、空类型；复合数据类型包括：指针、引用、数组、枚举、联合、结构和类。

2.2.3　变量

在程序中可以改变值的量称为变量，变量必须用标识符进行标识，称为变量名；

任何变量都必须先说明后使用，变量声明格式为：

数据类型　变量名 1，变量名 2，…，变量名 n；

变量使用的第一步，是给变量赋一个确定的值，有两种方式：

● 声明的同时初始化，如：int a＝30；

● 先声明,后赋值,如:int a;a=30;

2.2.4　常量

在程序运行过程中其值不发生变化的量称为常量。常量可分为直接常量与符号常量。

(1) 直接常量就是常数;类型可分为整型常量、实型常量、字符常量和字符串常量。

① 整型常量:可分别用十进制、八进制、十六进制来表示。

② 浮点常量:可以采用小数法和科学记数法表示。

● 小数法形式:它由数字和小数点组成(注意必须有小数点)。比如:0.123、.123、123.0、123.、0.0 都是十进制数形式。

● 科学记数法形式:科学记数法常用于表示很大或很小的浮点数。如 1.2E8(即 1.2×10^8)、$-5.7356E-9$(即 -5.7356×10^{-9})。但注意字母 E(或 e)之前必须有数字,且 e 后面指数必须为整数,如 e3、2.1e3.5、.e3、e 等都不是合法的指数形式。

浮点常量可带后缀 F(或 f)和 L(或 l),以区分各种不同类型的实数。

③ 字符常量:用引号括起来的单个字符称为字符常量。例如 'Y'、'y'、'6'、'#'、' '(空格)等。特殊情况字符,如不可显示的字符等,C++使用转义序列表示方法,如 '\n' 表示换行,'\\' 表示字符\。

④ 字符串常量:用双引号括起来的字符序列。例如:"How are you."。

(2) 符号常量是用一个标识符代表某个常量。定义符号常量通常用关键字 const 声明,其格式为:

const 数据类型　常量名=常数值;

如:

```
const int a=1234;        //定义 a 为整型常量,其值为 1234
const char b='a';        //定义 b 为字符型常量,其值为 a
```

2.2.5　数据类型转换

表达式中的类型转换分为两种:隐含转换和强制转换。

(1) 隐含转换是一种由系统自动进行的类型转换。

隐含转换是系统按照以下原则完成转换的:

① 操作数为字符或短整型时,系统自动变换成整型。

② 操作数为实型时,系统自动变换成双精度型。

③ 其余情况,当两操作数类型不同时,将精度低(或表示范围小)的操作数的数据类型变换到与另一操作数类型相同再进行运算。可用如下图来表示:

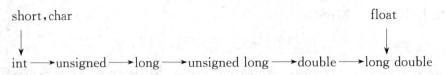

④ 对于赋值运算，当赋值运算符"＝"左、右两边的操作数为不同类型时，总是将右边表达式的类型转换为左边变量的类型，然后再赋给左边的变量。

需要注意的是，由于隐式转换是由编译器完成的，在程序中反映不出来，有时候丢失数据也不易察觉，因此应尽量避免隐式转换。在需要用不同类型的数据进行混合运算时，最好使用强制转换。

(2) 强制转换的语法形式如下：

类型说明符(表达式)或(类型说明符)表达式

例如：(float) i 或 float (i) 表示将把变量 i 转换成 float 型。

2.2.6　运算符和表达式

运算符按功能主要包括：算术运算符、关系运算符、逻辑运算符、位运算符、条件运算符、赋值运算符、逗号运算符等。

运算符具有优先级和结合性。如果一个运算对象的两边有不同的运算符，首先执行优先级别较高的运算；如果一个运算对象两边的运算符的级别相同，则按照运算符的结合性规定的顺序运算。

2.2.7　语句

C++中语句分为三种：

(1) 表达式语句：任何表达式后面加上一个分号构成表达式语句。如 a＝10;是赋值语句。

(2) 空语句：单独的一个分号。

(3) 复合语句：多条语句用{ }扩起来构成复合语句，它等效于一条语句。如：

```
if(a>0)
{ cout<<"a>0"<<endl;
  cout<<"a="<<a<<endl;
}
```

2.2.8　输入输出

(1) 输入流对象 cin：cin 用来在程序执行期间给变量输入数据，一般格式为：

cin>>变量名 1(>>变量名 2>>…>>变量名 n);

（2）输出流对象 cout：cout 实现将数据输出到显示器的操作，一般格式为：

cout<<表达式1(<<表达式2<<…<<表达式n)；

使用时，必须在程序开始处包括 iostream. h 文件，即 ♯ include <iostream. h>，也可采用命名空间的形式：♯ include <iostream>

       using namespace std

另外，为了使数据间隔开，可以用C++提供的函数 setw（）指定输出数据项的宽度，该函数定义在 iomanip. h 头文件中。

 ## 2.3 实验内容

【基础题】

（1）给出下列程序的运行结果。本例测试不同数据类型之间的数据转换。

```
# include<iostream. h>
void main()
{
    int a=32,b;
    double c=2. 7,d;
    char e='D',f;
    b=a+c;                  //A
    d=a+c;
    f=a+e;
    cout<<"b="<<b<<endl;
    cout<<"d="<<d<<endl;
    cout<<"f="<<f<<endl;    //B
    cout<<b+d+f<<endl;      //C
}
```

思考：

① 修改程序 A 行，对 b 的输出值四舍五入。

② 修改程序 B 行，按整型值输出 f。

③ 分析 C 行数据的值的类型。

（2）假设有变量说明如下：

char c1='a',c2='B',c3='c'；

int i1=10,i2=20,i3=30；

double d1=0. 1,d2=0. 2,d3=0. 4；

先写出下列表达式的值，然后上机验证。

① c1+i2 * i3/i2％i1；

② i1++ i2％i3；

③ i2-- *++ i3；

④ i1>i2>i3<d1<d2<d3；

⑤ (c1=i2 * i3)！ =(i2%i1)；

⑥ d1>d2||i1==i2；

⑦ c1>i1? i1:c2；

⑧ 0? 1:0? 2:0? 3:4；

⑨ ！ i1&&i2--；

⑩ i3=(i1=1,i2--)；

分析：可使用下面程序框架上机验证。

```
# include<iostream. h>
void main()
{
    char c1='a',c2='B',c3='c';
    int i1=10,i2=20,i3=30;
    double d1=0. 1,d2=0. 2,d3=0. 4;
    数据类型说明符   x；//填上表达式相应的数据类型说明符
    x=（表达式）   //填上表达式
    cout<<"x="<<x<<endl;
}
```

（3）编写程序输入两个整数，求出它们的商数和余数并输出。

分析：求商可用除法运算符'/'（该运算符当两个操作数均为整数时，结果取整），求余可用运算符'%'，且该运算符要求操作数必须为整数。参考程序如下：

```
# include<iostream. h>
void main()
{
    int x,y,e,f;
    cout<<"请输入两个整数:"<<endl;
    cin>>x>>y;
    e=x%y;
    f=x/y;
    cout<<"商为"<<f<<endl;
    cout<<"余数"<<e<<endl;
}
```

（4）编程序输入 x、y 和 z 的值，计算 $\frac{(x+1)(y-1)}{x+z}$ 的值。

分析：表达式 $\frac{(x+1)(y-1)}{x+z}$ 的值不一定为整数，故程序中变量的类型应采用实型。参考程序如下：

```
# include<iostream. h>
void main()
{
float x,y,z,e,f,w;                    //A
cout<<"x,y,z="<<endl;
cin>>x>>y>>z;
e=(x+1)*(y-1);                    //B
f=x+z;                           //C
w=e/f;                           //D
cout<<"w="<<w<<endl;
}
```

输入 x=5.4,y=3.1,z=2.7,观察程序运行结果。

思考：

① 将程序中 A 行改为"int x,y,z,e,f,w;"，输入 x=5.4,y=3.1,z=2.7,观察程序运行结果。

② 将程序中 A 行改为"float x,y,z,w;"，B、C、D 行改为"w=(x+1)*(y-1)/x+y;"，观察程序运行结果。

（5）编写程序。从键盘输入一个三位正整数，输出其逆转数。例如：输入 861，输出为 168。

分析：输入的三位数为整数，变量类型按整型进行处理。可采用求余数的方法计算各位上的数，然后逆序输出。参考程序如下：

```
# include<iostream. h>
void main()
{
    int n,i,j,k;
    cout<<"输入一个三位正整数 n:";
    cin>>n;
    i=n%10;            //i 存放个位数
    n=(n-i)/10;        //去掉个位数
    j=n%10;            //j 存放十位数
    n=(n-j)/10;        //去掉十位数
    k=n;               //k 存放百位数
    n=i*100+j*10+k;
    cout<<"逆转数为:"<<n<<endl;
}
```

思考：参考程序中是先求个位数，后求十位数，最后求百位数；若按照相反的顺序，即先求百位数，后求十位数，最后个位数，该如何修改程序？

实验 3　选择结构程序设计

 3.1　实验目的和要求

(1) 掌握 Visual C++ 6.0 集成环境中的单步执行；

(2) 熟悉 if 与 switch 语句的格式、执行过程、使用方法及典型案例；

(3) 学会使用选择结构解决一般的实际问题，能编写简单的应用程序。

 3.2　相关知识点

构成选择结构可使用 if 语句及 switch 语句。

3.2.1　if 语句

if 语句的形式有多种：

(1) 单独的 if 语句：if(条件)　语句

(2) if-else 语句：

　　if(条件)　语句 1

　　else　语句 2

(3) 嵌套的 if-else 语句：

① 嵌套在 if 中：

　　if(条件)

　　{if 语句各种形式}

或者：

　　if(条件)

　　{if 语句各种形式}

　　else　语句

② 嵌套在 else 中：

　　if(条件)　语句

　　else　{if 语句各种形式}

常用的构成选择结构的 if 语句有两种形式，如下：

(1) if(条件)　语句 1

　　else　语句 2

（2）if(条件)　语句 1

　　else if(条件)　语句 2

　　else if(条件)　语句 3

　　……

　　else　语句 n

3.2.2　switch 语句

用 switch 语句构成选择结构的格式为：

```
switch(表达式)
    {   case 常量表达式 1:语句块 1   〔break;〕
        case 常量表达式 2:语句块 2   〔break;〕
        case 常量表达式 3:语句块 3   〔break;〕
        ……
        case 常量表达式 n:语句块 n   〔break;〕
        〔default:语句块 n+1〕
    }
```

switch 语句的执行过程为：若"表达式"的值与某一"常量表达式"的值匹配成功，则从该入口开始执行，遇到 break 时，立即结束 switch 语句的执行，否则，顺序执行到花括号中的最后一条语句。default 情形是可选的，如果没有常量表达式的值与"表达式"的值匹配，则执行 default 后的语句系列。

需要注意的是，"表达式"的值的类型必须是字符型或整型或枚举型。

3.3　实验内容

【基础题】

（1）设计一个程序，判断从键盘输入的整数的正负性和奇偶性。

分析：若 x>0，要考虑正偶数和正奇数两种情况；若 x<0，考虑负偶数和负奇数两种情况；除去以上情况则为 x=0。可用 if-else 选择语句，参考程序如下：

```
♯include<iostream.h>
void main()
{
    int x;
    cout<<"输入一个整数:"<<endl;
    cin>>x;
    if(x>0)   //x 为正数
        if(x%2==0)cout<<"x 为正偶数!"<<endl;
```

```
        else cout<<"x 为正奇数!"<<endl;

    else
            if(x<0)   //x 为负数
               if(x%2==0) cout<<"x 为负偶数!"<<endl;
               else cout<<"x 为负奇数!"<<endl;
            else cout<<"x 为零!"<<endl;   //x 为 0
    }
```

（2）某商店"五·一"长假期间购物打折。规则如下：

若每位顾客一次购物，

① 满 1 000 元,打九折；

② 满 2 000 元,打八折；

③ 满 3 000 元,打七折；

④ 满 4 000 元,打六折；

⑤ 5 000 元,打五折；

编写程序,输入购物款,输出实收款。

分析:本题可使用 if-else-if 语句进行多重判断。参考程序如下：

```
#include<iostream. h>
void main()
{
    double m,p;
    cout<<"输入购物款:";
    cin>>m;
    if(m<1000)p=m;
    else if (m<2000)p=0. 9 * m;
        else if(m<3000) p=0. 8 * m;
            else if(m<4000) p=0. 7 * m;
                else if(m<5000) p=0. 6 * m;
                    else   p=0. 5 * m;
    cout<<"实收款:"<<p<<endl;
}
```

（3）有下列分段函数：

$$y=\begin{cases} x+1 & x<0 \\ x^2-5 & 0\leqslant x<10 \\ x^3 & x\geqslant 10 \end{cases}$$

编一程序,输入 x,输出 y 的值。

分析:根据 x 所处的区间,使用 if-else 选择语句可实现。参考程序如下:

```cpp
#include <iostream.h>
void main()
{
    float x,y;
    cout<<"Input x:";
    cin>>x;
    if (x>=0)
        if (x>=10)
            y=x*x*x;
        else
            y=x*x-5;
    else
        y=x+1;
    cout<<"y="<<y<<endl;
}
```

思考:

若使用 if-else-if 语句进行多重判断,该如何修改程序?

(4) 求一元二次方程 $ax^2+bx+c=0$ 的根。

其中系数 $a(a\neq0)$、b、c 的值由键盘输入。

分析:输入系数 $a(a\neq0)$、b、c 后,令 $delta=b^2-4ac$,结果有三种情况:

① 若 delta=0,方程有两个相同实根;

② 若 delta>0,方程有两个不同实根;

③ 若 delta<0,方程无实根。

参考程序如下:

```cpp
#include <iostream.h>
#include <math.h>
int main()
{
    float a,b,c;
    float delta,x1,x2;
    cout<<"输入三个系数 a(a! =0), b, c:"<<endl;
    cin>>a>>b>>c;
    cout<<"a="<<a<<'\t'<<"b="<<b<<'\t'
        <<"c="<<c<<endl;
```

```
            delta＝b＊b－4＊a＊c；
    if(delta＝＝0)
    {
            cout<<"方程有两个相同实根："；
            cout<<"x1＝x2＝"<<－b/(2＊a)<<endl；
    }
    else if(delta＞0)
    {
            delta＝sqrt(delta)；
            x1＝(－b+delta)/(2＊a)；
            x2＝(－b－delta)/(2＊a)；
            cout<<"方程有两个不同实根："；
            cout<<"x1＝"<<x1<<'\t'<<"x2＝"
            <<x2<<endl；
    }
    else        cout<<"方程无实根！"<<endl；//delta<0
    return 0；
    }
```

【提高题】

（5）输入某一年的年份和月份，计算该月的天数并输出。

分析：可按照以下思路计算：

① 一年中的大月（1 月、3 月、5 月、7 月、8 月、10 月、12 月），每月的天数为 31 天；

② 一年中的小月（4 月、6 月、9 月、11 月），每月的天数为 30 天；

③ 对于 2 月，则要判断该年是平年还是闰年，平年的 2 月为 28 天，闰年的 2 月为 29 天。

某年符合下面两个条件之一就是闰年：

a. 年份能被 400 整除；

b. 年份能被 4 整除，但不能被 100 整除。

④ 使用 if-else 语句或者 switch 结构均可。

参考程序框架如下：

```
# include <iostream. h>
void main()
{
//输入年份和月份
//根据月份的不同用 switch 判断每月的天数
//输出天数
}
```

（6）运输公司对所运货物实行分段计费。路程（s，单位 km）越远，每公里运费越低。标准如下：

s＜250	不打折扣
250≤s＜500	2％折扣
500≤s＜1 000	5％折扣
1 000≤s＜2 000	8％折扣
2 000≤s＜3 000	10％折扣
3 000≤s	15％折扣

设每公里每吨的基本运费为 p，货物重量为 w，距离为 s，折扣为 d％，则总运费 f 的计算公式为：f＝p＊w＊s＊（1－d％），设计程序，当输入 p、w 和 s 后，计算运费 f。分别使用 if-else 嵌套结构和 switch 语句两种方法实现。

分析：使用 if-else 嵌套结构可对比前面第 2 题，采用类似的方法编程。若用 switch 语句实现，需要对路程进行分段，通过运费标准可看出，折扣的变化点都是 250 的倍数（250，500，1 000，2 000，3 000）。利用这一特点，设 c 为 250 的倍数，当 c＜1 时，表示 s＜250，无折扣；当 1≤c＜2 时，表示 250≤s＜500，折扣 d％＝2％；当 2≤c＜4 时，表示 500≤s＜1 000，折扣 d％＝5％；当 4≤c＜8 时，表示 1 000≤s＜2 000，折扣 d％＝8％；当 8≤c＜12 时，表示 2 000≤s＜3 000，折扣 d％＝10％；当 c≥12 时，d％＝15％；参考程序框架如下：

```
#include <iostream.h>
void main()
{
    //输入基本运费 p、货物重量 w，距离 s
    //根据距离 s 求得 c 值
    //根据 c 值用 switch 语句判断折扣 d 的值
    //输出结果
}
```

工程训练1 学生成绩管理系统(条件选择篇)

启动 VSS,输入用户名和密码,从 VSS 上下载最新版本;启动 Visual C++ 6.0,打开新下载的工作组,打开源程序,进行修改,如果文件是只读的,就另存为其他文件名,进行编辑,调试通过后,再打开原来工作组,进行 Check out(签出),将工作组、项目、cpp 源文件都签出,将已经调试好的代码,复制到当前源文件中,运行通过,马上 Check in(签入),这样不影响小组其他人工作。

如果不使用 VSS 源代码控制,上述操作步骤可以省略。

该工程有鲜明的特色:① 数据存储使用的是简单变量,设计了一名学生三门课程的小系统;② 程序结构为顺序式,没有用到函数;③ 循序渐进式完成,可以根据教学进度,像搭积木一样,最后完成系统。

系统分为三个部分,在三个实验中完成,实验1熟悉VC++环境,要求掌握源程序编辑方法和输入输出语句,完成该系统菜单中的第 1 选项和第 2 选项;实验2数据类型、表达式和输入输出,要求掌握算术运算等,完成该系统菜单中的第 3 选项和第 4 选项;实验3选择结构的程序设计,要求掌握 if 与 switch 语句的格式,并能熟练应用,完成该系统菜单中的第 5 选项、第 6 选项和第 7 选项。

系统各个模块和相关知识点的结构如图 1-7 所示。其中程序框架用到了循环结构,系统的主体没有用到循环,大量的循环语句将在数组部分应用。

李明明同学的成绩管理系统

1. 输入学生成绩
2. 输出学生成绩
3. 计算总分和平均分
4. 查找最高分和最低分
5. 统计不及格门数
6. 统计优秀课程门数
7. 输出平均分等第
8. 退出

请输入选项(1~8):

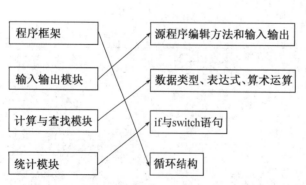

图 1-7 学生成绩管理系统各模块对应的知识点　　图 1-8 学生成绩管理系统参考界面

Pro 1.1　程序框架

　　李明明同学的成绩管理系统，参考界面如图 1－8 所示，内容包括输入学生成绩、输出学生成绩、计算总分和平均分、查找最高分和最低分、统计不及格门数、统计优秀课程门数等功能。

　　下面给出程序框架，有详细的注释，仅供大家参考，完全可以自己来设计更合理的结构和代码。如果将下面的代码直接输入到 VC 中，不能运行，必须将代码中的文本框换成对应功能的代码，调试通过后，才能运行。

```
# include<iostream. h>          //输入输出头文件
# include <process. h>          //system("cls"),清屏函数的头文件
# include <stdio. h>            //getchar(),接收一个字符函数的头文件,起到暂停作用;
void main()                     //程序的入口函数,主函数
{
    int options;                //用来存放选项的变量
    int math,chinese,english;       //三门课程分别是数学、语文、英语
    int total;                  //总分
    double average;             //平均分
    int highestscore,minimumscore;   //最高分、最低分
    int failedcount;            //不及格门数
    int excellentcount;         //优秀课程门数
    //根据需要在这里自己定义其他变量
    //第一次实验就做选项 1,2
    //第二次实验就做选项 3,4
    //第三次实验就做选项 5,6,7
    do              //循环语句
    {
        system("cls");      //清屏函数
        根据上面的参考界面,输出系统菜单

        cin>>options;
        switch(options)
        {
        case 1:
                system("cls");   //清屏函数
                输入学生成绩模块
                break;
        case 2:
```

```
                    system("cls");          //清屏函数
                    输出学生成绩模块
                    getchar();          //接收任意一个字符,这里起到暂停作用
                    break;
            case 3:
                    system("cls");
                    计算总分和平均分,并输出
                    getchar();
                    break;
            case 4:
                    system("cls");
                    查找最高分和最低分,并输出
                    getchar();
                    break;
            case 5:
                    system("cls");
                    统计不及格课程门数,并输出
                    getchar();
                    break;
            case 6:
                    system("cls");
                    统计优秀课程门数,并输出
                    getchar();
                    break;
            case 7:
                    system("cls");
                    输出平均分等第,并输出
                    getchar();
                    break;
            case 8:
                    ;
            }
    }while(options<8);
}
```

Pro 1.2　输入输出学生成绩模块

根据工程任务,编写程序代码。定义变量时,赋予一个有实际含义的变量名,增加程序的可读性;编辑代码时,采用缩进格式。

1. 工程任务

A. 熟悉开发环境,并且会使用"原样照输"的输入输出,用来输出系统的菜单;

B. 输入李明明同学的三门课成绩,分别是数学、语文、英语。

C. 输出这名学生的三门课的成绩。

2. 操作步骤

(1) 输出系统菜单

使用 cout 语句实现"原样照输"的功能,用来输出系统的菜单;如图 1-9 所示。

(2) 输入学生成绩

根据菜单的要求定义变量。

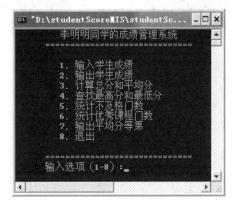

图 1-9　系统的菜单

int options;	//用来存放选项
int math,chinese,english;	//三门课程分别是数学、语文、英语

在程序框架中已经给出变量的定义,只需将"输出学生成绩模块"的文本框中的代码写全,使用 cin 语句完成。具体代码可以根据下面的运行结果来写。

运行时,输入选项 1 如图 1-10 所示,回车后如图 1-11 所示;输入李明明同学的三门课的成绩,数学、语文、英语分别是 46、98、57。

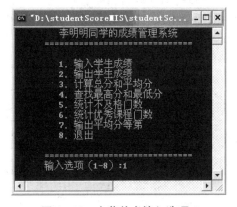

图 1-10　主菜单中输入选项 1

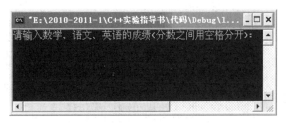

图 1-11　输入学生成绩提示信息

然后输入数学、语文、英语各门课成绩,并且用空格分开,如图 1-12 所示。

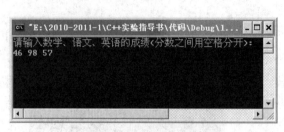

图 1-12　输入学生成绩

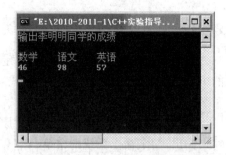

图 1-13　输出学生成绩

回车后继续出现主菜单。

（3）输出学生成绩

使用 cout 语句输出学生的成绩，具体输出格式可以参考下面的运行结果。在主菜单中输入 2，回车后，如图 1-13 所示，输出了李明明的成绩。

3. 总结

掌握输入输出语句，能够根据输出结果，写出对应的程序代码；理解程序框架，并能熟练应用；在编写代码时，注意标点符号，特别是分号，一定要用英文半角分号，不能用中文全角分号；认真观察错误信息，理解它的含义；在 Debug 文件夹中，找到可执行文件。

Pro 1.3　计算与查找模块

认真学习相关知识点，熟悉运算符，能够根据要求写表达式。

1. 工程任务

A. 计算李明明同学三门课程的总分、平均分；

B. 输出李明明同学的三门课程的课程名、成绩、总分和平均分；

C. 李明明同学三门课程中得分最高的是哪门课程，并输出课程名、分数；得分最低的是哪门课程，并输出课程名、分数；（说明使用条件运算符语句，判断最高分和最低分）。

2. 操作步骤

（1）计算总分和平均分

定义变量

```
int total;          //总分
double average;          //平均分
int highestscore,minimumscore;   //最高分、最低分
int failedcount;          //不及格门数
```

在对应的代码段中添入代码，完成三门课程的求和、求平均分，然后执行。执行完选项 1 后，当三门课程已经输入了成绩后，在主菜单中输入选项 3，如图 1-14 所示。

回车后,如图 1-15 所示。

图 1-14 主菜单中输入选项 3

图 1-15 输出学生的总分和平均分

(2) 统计最高分和最低分

定义变量

int highestscore,minimumscore;   //最高分、最低分

在对应的 case 语句中添写代码,得分最低的或者得分最高的是哪门课程,并输出课程名、分数;要求使用条件运算符语句,判断最高分和最低分,编写代码、调试、执行。执行完选项 1 后,当三门课程已经输入了成绩后,在主菜单中输入选项 4,如图 1-16 所示。

回车后,如图 1-17 所示。

图 1-16 主菜单中输入选项 4

图 1-17 输出学生的最高分和最低分

3. 总结

第一,计算总分和平均分时,输出结果要根据图示,编写对应的代码;第二,计算平均分时,参与运算的两个操作数,如果都是整数,结果也是整数,因此除以 3.0 更合适;第三,查找成绩中的最高分和最低分时,也就是求最大值和最小值,还要记住对应的课程,有一定的难

度,仔细品味。

Pro 1.4 统计模块

统计不及格门数用到了条件选择语句,判断李明明同学的成绩,如果小于 60,就不及格,使用一个计数器进行计数;分制转换用到了 switch case 语句,根据条件,执行不同的分支,还用到两个整数相除,结果仍然为整数。

1. 工程任务

A. 统计李明明同学不及格的门数,并输出结果;

B. 统计李明明同学哪些课程得了优秀,并输出结果;

C. 根据李明明同学的平均分,给出李明明同学成绩的最后等第,也就是说将平均分的百分制分数,转换为五分制;五分制分别是优秀、良好、中等、及格、不及格,并输出。

2. 操作步骤

(1) 统计不及格门数

在代码中添加两个变量,用来统计不及格门数和优秀课程门数。

```
int failedcount;        //不及格门数
int excellentcourses;   //优秀课程门数
```

在 case 5 中添加代码,用来统计不及格的门数,并且输出。在 case 6 中添加代码,用来统计优秀课程门数,并且输出。然后调试程序,开始执行。在主菜单中,先执行完选项 1 后,输入成绩,分别是 46、98、57,然后回车,回到主菜单时,再选 5,如图 1-18 所示。

回车后,如图 1-19 所示。

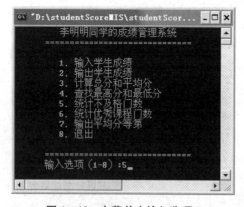

图 1-18 主菜单中输入选项 5

图 1-19 输出不及格门数

(2) 统计优秀课程门数

在主菜单中,先执行完选项 1 后,输入成绩,分别是 46、98、57,然后回车,回到主菜单时,再选 6,如图 1-20 所示。

回车后,如图 1-21 所示。

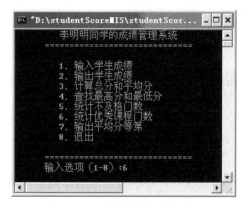

图 1-20　主菜单中输入选项 6　　　　　　图 1-21　输出优秀课程门数

(3) 输出平均分等第

在 case 7 中添加代码,由于平均分是 double 类型,再定义一个整型变量 ranking,将平均分转换成整型变量给 ranking 赋值,然后再嵌套一个 case,完成五分制转换。调试程序,开始执行。在主菜单中,先执行完选项 1 后,输入成绩,分别是 46、98、57,然后回车;回到主菜单时,再选 3,然后回车;计算出总分和平均分,回到主菜单时,再选 7,如图 1-22 所示。

回车后,如图 1-23 所示。

图 1-22　主菜单中输入选项 7　　　　　　图 1-23　输出成绩等第

3. 总结

在每次运行时,出现主菜单,先做选项 1,执行成绩输入模块,有了成绩后,才可以统计不及格的门数和统计优秀课程的门数;在输出平均分等第时,不仅要执行 1,还要执行 3,计算出总分和平均分,因为第 7 项是根据平均分来计算的等第,如果不执行第 3 项,则平均分是零分,得到成绩等第为不及格。

实验 4 循环结构的程序设计

4.1 实验目的和要求

(1) 掌握循环结构 while、do-while、for 等语句格式、执行过程、使用方法及典型案例;

(2) 学习循环结构的嵌套使用;

(3) 掌握分支与循环综合程序的编写方法;

(4) 学习并熟悉 break、continue 的区别与使用。

4.2 相关知识点

4.2.1 循环结构

有三种语句形式:

(1) while(条件)〔循环体语句块〕 执行特点是先判断,后执行。

(2) do〔循环体语句块〕 while(条件) 执行特点是先执行,后判断。

(3) for(表达式 1;表达式 2;表达式 3) 〔循环体语句块〕

关于 for 循环有几点需要注意:

① for 循环通常用于有确定次数的循环;

② for 语句中三个表达式中任一个均可以省略,但两个分号不可省略;

③ for 循环可以有多个循环变量,此时,循环变量的表达式之间用逗号隔开;

④ 循环语句能够在另一个循环语句的循环体内,即循环能够被嵌套。

4.2.2 break、continue

break 语句的功能是终止循环或结束分支,用在循环和 switch 语句中。

continue 语句的功能是结束本次循环,并且进入下一次循环。

4.3 实验内容

【基础题】

(1) 求出 100～200 之间的所有素数,输出时一行打印 5 个素数。

分析:判断一个数 a 是否为素数,只需将它整除以 2～$\sqrt{a}$(取整)即可,如果都不能整除,则 a 就是素数。参考程序如下:

```
#include <iostream. h>
#include <math. h>
#include <iomanip. h>
void main( )
{
    int a,k,i,n;
    n=0;
    for (a=100;a<=200;a++)
    {
        k=sqrt(a);
        for (i=2;i<=k;i++)
          if (a%i==0) break;   //若不是素数会提前结束循环
        if (i>k)               //若 i>k,则 i 为素数
        {
            cout<<setw(12)<<a;      //输出素数
            n=n+1;                  //对素数统计个数
            if (n%5==0) cout<<endl; //每行打印 5 个素数
        }
    }
    cout<<endl;
}
```

(2) 求 π 近似值的公式为:

$$\frac{\pi}{2}=\frac{2}{1}\times\frac{2}{3}\times\frac{4}{3}\times\frac{4}{5}\times\cdots\times\frac{2n}{2n-1}\times\frac{2n}{2n+1}\cdots$$

其中,n=1、2、3…设计一个程序,求出当 n=1 000 时的 π 的近似值。

分析:上述表达式的通项为 $\frac{2n}{2n-1}\times\frac{2n}{2n+1}$,可用循环求得前 n 项的乘积,本题目尤其注意要进行强制类型转换,否则 $\frac{2n}{2n-1}\times\frac{2n}{2n+1}$ 的值为 0(除法运算符当两个操作数均为整数时,结果取整)。参考程序如下:

```
#include <iostream. h>
void main( )
{
    int n;
    float result=1. 0;
```

```
for(n=1;n<=1000;n++)
    result=result*(float(2*n)/(2*n-1))*(float(2*n)/(2*n+1));
cout<<"result is:"<<2*result<<endl;
}
```

（3）从键盘输入任意多个整数（−999 为结束标志），计算其中正数之和。

分析：采用转向语句 break 和 continue 实现。break 在循环体中用于退出本层循环；continue 用于结束本次循环。参考程序如下：

```
#include <iostream. h>
void main()
{
    int x,s=0;
    while(1)
    {
        cin>>x;
        if (x==-999) break;        //A
        if (x<0) continue;         //B
        s=s+x;
    }
    cout<<"s="<<s<<endl;
}
```

思考：

① 交换 A 行和 B 行的位置，观察程序运行结果。

② 修改程序"输入任意多个整数（−999 为结束标志）"为"直到包含 20 个正数时"，计算正数之和。

（4）有一对兔子，从第 3 个月起每个月生一对兔子，小兔子从第 3 个月起每个月又生一对兔子。假设所有兔子都不死，编程序计算每个月的兔子是多少对？（求 20 个月）。

分析：由题意可得从第 3 个月开始，下个月兔子的对数为本月兔子的对数与上月兔子对数之和。这样可得出该序列的规律是：从第 3 项开始，该项的值为前两项之和。

兔子对数的规律是：

$$1、1、2、3、5、8、13、21、\cdots\cdots$$

可用 for 循环实现，参考程序如下：

```
#include <iostream. h>
void main( )
{
    int f1,f2,f3;
```

```
    int i;
    f1=f2=1;
    for(i=3;i<=20;i++)
    {
        f3=f1+f2;
        cout<<i<<"月兔子对数为:"<<f3<<endl;
        f1=f2;
        f2=f3;
    }
}
```

（5）编程序打印一个如图所示的数字金字塔：

```
                1
              1 2 1
            1 2 3 2 1
          1 2 3 4 3 2 1
```

······

```
          1 2 3 4 5 6 7 8 9 8 7 6 5 4 3 2 1
```

图 2-1　数字金字塔

分析：图案共 9 行，如图 2-1 所示。分析可得如下规律：打印第 i 行（i 从 1 开始）要依次做三步操作，首先打印 9-i 个空格，然后打印 1→i 的值，最后打印（i-1）→1 的值并回车换行。由此可用循环嵌套实现，外循环控制行数，内循环控制每行的操作。参考程序如下：

```
# include <iostream. h>
void main( )
{
    int i,j,k;
    for(i=1;i<=9;i++)        //共打印 9 行
    {
        for(j=1;j<=9-i;j++) cout<<" ";
        for(j=1;j<=i;j++) cout<<j;
        for(k=i-1;k>=1;k--) cout<<k;
        cout<<endl;
    }
}
```

【提高题】

（6）求出 1～599 中能被 3 整除，且至少有一位数字为 5 的所有整数。如 15、51、513 均是满足条件的整数。要求一行打印 5 个数。

分析：可采用求余数的方法取得各位上的数，若满足条件则退出循环，可用 break 语句。参考程序框架如下：

```
void main()
{
    for(int i=1;i<=599;i++)
    {
    //若能被 3 整除
    {
    //用循环依次取得各位上的数,若等于 5,打印原数并退出该循环。
    //同时计数,实现每行输出 5 个值。
    }
    }
    }
```

（7）输入一行字符，分别统计出其中英文字母、空格、数字字符、其他字符及单词的个数，约定单词以空格、数字或其他字符等分隔符隔开。

分析：可用 cin.get()来接受字符（空格字符也能接受），若输入的不是回车符，判断每个字符的具体情况，关键是单词的判断，可设一个新单词的标志 wordf，遇到分隔符将 wordf 置为 false，遇到字母将 wordf 置为 true，可得新单词的条件为：当前字符是字母且 wordf 的值是 false。参考程序框架如下：

```
void main()
{
    //wordf 初值为 false;
    //输入一串文字
    while(ch! ='\n')   //若没有遇到回车符,进行此循环
    {
    //若字符是空格,空格数加 1,wordf 置为 false;
    //若字符是字母且 wordf 值为 false,单词数加 1,并将 wordf 置为 true;
    //若字符为数字,数字数加 1,wordf 置为 false;
    //若不满足以上条件,其他字符数加 1,wordf 置为 false;
    //打印结果
    }
}
```

【综合题】

（8）给小学生出加法考试题。

编写一个程序，给学生出一道加法运算题，然后判断学生输入的答案对错与否，按下列要求以循序渐进的方式编程。

程序 1　通过输入两个加数给学生出一道加法运算题，如果输入答案正确，则显示"Right!"，否则显示"Not correct! Try again!"，程序结束。

程序 2　通过输入两个加数给学生出一道加法运算题，如果输入答案正确，则显示"Right!"，否则显示"Not correct! Try again!"，直到做对为止。

程序 3　通过输入两个加数给学生出一道加法运算题，如果输入答案正确，则显示"Right!"，否则提示重做，显示"Not correct! Try again!"，最多给三次机会，如果三次仍未做对，则显示"Not correct! You have tried three times! Test over!"，程序结束。

程序 4　连续做 10 道题，通过计算机随机产生两个 1～10 之间的加数给学生出一道加法运算题，如果输入答案正确，则显示"Right!"，否则显示"Not correct!"，不给机会重做，10道题做完后，按每题 10 分统计总得分，然后打印出总分和做错的题数。

程序 5　通过计算机随机产生 10 道四则运算题，两个操作数为 1～10 之间的随机数，运算类型为随机产生的加、减、乘、整除中的任意一种，如果输入答案正确，则显示"Right!"，否则显示"Not correct!"，不给机会重做，10 道题做完后，按每题 10 分统计总得分，然后打印出总分和做错题数。

（9）从 3 个红球、5 个白球和 6 个黑球中任意取出 8 个球，且其中必须有白球，编程输出所有的可能方案。

提示：

① 若首先从红球中取球，可以有 0、1、2、3 种取法，在这 4 种取法下，白球可以有 1、2、3、4、5 种取法；

② 黑球的数 k 为：k＝8－i－j（i 代表红球时，j 代表白球数）；

③ 当 0＜＝黑球数值 k＜＝6 时，说明这种取法是合理的，若不满足此条件，说明此种取法不合理。

实验 5 数 组

5.1 实验目的和要求

(1) 掌握一维数组、二维数组、字符数组的定义、初始化赋值、数组元素的引用方法;

(2) 掌握排序的方法以及有序数组的查找、增加、删除的编程方法;

(3) 初步掌握字符串处理函数的使用方法以及字符串复制、连接、测长等程序的编写方法。

5.2 相关知识点

5.2.1 一维数组

1. 定义

一维数组的一般定义形式如下:

<类型说明符><数组名>[常量表达式];

比如:int a[10];

几点说明:

(1) 数组名是用户定义的标识符,数组名表示了一个存储区的首地址(即第一个数组元素的地址);

(2) 数组元素的下标由零开始,范围 $0 \sim N-1$(假设共有 N 个元素);

(3) 常量表达式中不能包含变量;

(4) 常量表达式的值表示数组元素的个数,它必须是一个整数;

(5) 引用方式:数组名[下标],注意下标不可越界。

2. 初始化

(1) 对数组的全体元素指定初值,如 int a[ ]={ 1,3,5,7,9 };此时数组长度可省略;

(2) 对数组中部分元素指定初值,如:int a[5]={ 1,3,5 };其余未赋值的元素自动初始化为 0,注意这时不能省略数组长度;

(3) 数组中的全部元素初始值都为 0,如:int a[5]={ 0, 0, 0, 0, 0 };也可简写为:int a[5]={0}。

5.2.2　二维数组

1. 定义

二维数组的定义格式如下:

<数据类型><数组名>[常量表达式 1][常量表达式 2];

其中,"常量表达式 1"代表了二维数组的行数,"常量表达式 2"代表了二维数组的列数。
比如:int a[3][4];

几点说明:

(1) 二维数组在内存中的存放仍然是一维的,且各个元素按行顺序存放;

(2) 引用方式:数组名[行下标][列下标],行列下标均是从 0 开始,且不能超过定义的范围。

2. 初始化

(1) 分行初始化,如:int a[3][4]={{1,2,3,4},{5,6,7,8},{9,10,11,12}};

(2) 按数据的排列顺序对数组元素赋初值,如:int a[3][4]={1,2,3,4,5,6,7,8,9,10,11,12};则是将数据依次赋给元素 a[0][0],a[0][1]……a[2][3]。

(3) 对数组的部分元素赋初值,如:int a[3][4]={{1,2},{3},{0,4}};　其余未赋值的元素自动初始化为 0。

(4) 对数组的全部元素赋初值时可以省略第一维的长度,系统会根据数据的个数和第二维的长度自动求出第一维的长度,如:int b[ ][2]={1,2,3,4,5,6,7,8};(系统会自动算出数组 b 第一维长度为 4),注意切不可省略第二维的长度。

通常,用 for 循环来访问一维数组中的所有元素,用嵌套的 for 循环来访问二维数组中的所有元素。

5.2.3　数组排序

排序方法典型的有冒泡法、选择法。

(1) 冒泡法:基本思想是依次比较相邻的两个数,将小数放前面,大数放后面。n 个数排序需要进行 n−1 轮比较,从第 1 轮到第 n−1 轮,各轮的比较次数依次为:n−1 次、n−2 次……1 次。假设一维数组的长度为 N,则冒泡法排序参考代码如下(由小到大):

```
for(int i=1;i<=N−1;i++)   //外循环控制轮数
  for(int j=0;j<=N−i−1;j++)   //内循环控制每轮的次数,注意 j 需从 0 开始
    if(a[j]>a[j+1])
    { t=a[j];   a[j]=a[j+1];   a[j+1]=t;}
```

(2) 选择法:先找到数组中最小的元素,将这个元素放到数组的最前端;然后在剩下的

数组元素中再找出最小的元素,把它放在剩下的这些元素的最前端。如此下来,就能使数组中的元素由小到大排列了。假设一维数组的长度为 N,则选择法排序参考代码如下(由小到大):

```
for(int i=0;i<=N-2;i++) //外循环控制轮数
  for(int j=i+1;j<=N-1;j++) //内循环控制每轮的次数,注意 j 从 i+1 开始
    if(a[i]>a[j])
    { t=a[i];  a[i]=a[j];  a[j]=t;}
```

另外,选择法可再改进,使得交换的次数最少。

5.2.4　字符串处理函数

处理字符数组时,可以使用字符串处理函数,这些函数包含在 string. h 中。常用的字符串处理函数如表 2-1 所示。

表 2-1　常用的字符串处理函数

函数名	格　式	功　能
strcat()	strcat(str1, str2)	将字符串 str2 接到字符串 str1 的后面
strcpy()	strcpy(str1, str2)	将字符串 str2 复制到字符串 str1 中
strcmp()	strcmp(str1,str2)	比较两串,若 str1 大于 str2,函数返回正数;若 str1 等于 str2,函数返回 0;否则返回负数
strlen()	strlen(str)	统计字符数组 str 中包含的字符串的实际长度,不含结束符/0

5.2.5　动态数组

(1) 使用 new 创建动态数组的定义形式如下:

<数据类型> * <数组名>=new <数据类型>[LEN]

比如:int * p=new int[N];表示通过 new 申请 N 个 int 单元,即 p 数组有 N 个元素,N 可为变量。动态数组在使用完后,使用 delete 语句动态地释放,比如 delete []p;

(2) C 语言中,在<stdlib. h>和<alloc. h>中均定义了下面的函数:

① void * malloc(unsigned int size);表示向系统申请大小为 size 的内存块,把首地址返回。如果申请不成功,返回 NULL。

② void * calloc(unsigned int num, unsigned int size);表示向系统申请 num 个 size 大小的内存块,把首地址返回。如果申请不成功,返回 NULL。

③ void free(void * p);表示:释放由 malloc()和 calloc()申请的内存块。p 是指向此块

的指针,这些函数在C++中也可用来申请动态数组。

 ## 5.3 实验内容

【基础题】

(1) 已知 Fibonacii 数列定义如下:

$$\text{fib}(n)=\begin{cases}0 & n=0\\1 & n=1\\\text{fib}(n-2)+\text{fib}(n-1) & n>1\end{cases}$$

要求计算此数列的前 20 项并按逆序显示。

分析:若不要求按逆序显示,则可参照前面题目的做法,若要逆序显示,就必须首先考虑将所计算出的各项值进行保存,这就要用到数组。参考程序如下:

```cpp
#include <iostream.h>
void main()
{
    int a[20];  //存放数列前 20 项值的数组
    a[0]=0;
    a[1]=1;
    for(int i=2;i<=19;i++) a[i]=a[i-1]+a[i-2];   //计算并放入数组
    for(i=19;i>=0;i--) cout<<a[i]<<" ";          //逆序输出
    cout<<endl;
}
```

(2) 分别使用冒泡法和选择法对 10 个数进行排序,使其按照从小到大的顺序输出。

分析:

冒泡排序的思想是:依次比较相邻的两个数,将小数放前面,大数放后面。n 个数排序需要进行 n−1 轮比较,从第 1 轮到第 n−1 轮,各轮的比较次数依次为:n−1 次、n−2次……1 次。

选择法的思想是:第 1 轮比较时,用 a[0]依次与 a[1]到 a[n−1]进行比较,如果 a[0]较大则进行交换,第 1 轮结束后,a[0]中为最小数,以后各轮比较过程与第 1 轮类似。参考程序如下:

冒泡法:

```cpp
#include <iostream.h>
#define N 10
void main()
{
```

```
    int a[N];
    int i,j,t;
    cout<<"输入数据:"<<endl;
    for(i=0;i<=N-1;i++)
    {
        cout<<"a["<<i<<"]=";
        cin>>a[i];
    }
    for(i=1;i<=N-1;i++)  //外循环控制轮数
            for(j=0;j<=N-i-1;j++)  //内循环控制每轮的比较次数
              if(a[j]>a[j+1])
            {
             t=a[j];
             a[j]=a[j+1];
             a[j+1]=t;
            }
    cout<<"排序结果为:"<<endl;
    for(i=0;i<=N-1;i++)  cout<<"a["<<i<<"]="<<a[i]<<" "<<endl;
}
```

选择法:

```
# include <iostream.h>
# define N 10
void main()
{
    int a[N];
    int i,j,t;
    cout<<"输入数据:"<<endl;
    for(i=0;i<=N-1;i++)
    {
        cout<<"a["<<i<<"]=";
        cin>>a[i];
    }
for(i=0;i<=N-2;i++) //每轮分别拿a[0]、a[1]…a[N-2]跟后面的元素值比较
   for(j=i+1;j<=N-1;j++) //第 i 轮时,拿 a[i]和其后的 a[i+1]、a[i+2]…a[N-1]相比
     if(a[i]>a[j])
     {t=a[i];
     a[i]=a[j];
```

```
            a[j]=t;
          }
     cout<<"排序结果为:"<<endl;
     for(i=0;i<=N-1;i++)   cout<<"a["<<i<<"]="<<a[i]<<" "<<endl;
}
```

思考:

① 定义两个函数分别实现冒泡法和选择法,在主函数中传递参数,调用并输出结果。

② 对选择法可再改进,使得比较的次数不变,交换的次数减少(每轮只交换一次),可加快执行速度。该如何改进程序?

提示:可定义变量 k 保存每轮最小值的下标,在第 i 轮循环时,比较得到最小值 a[k],只需将 a[k]和 a[i]交换即可。

(3) 从键盘输入两个字符串,将它们连接成一个字符串。

分析:建立两个变量 i、j,先使 i 指向字符数组 str1 的第一个元素,然后移动 i 使其指向 str1 的末尾,即指向 str1 的最后一个元素'\0';再使 j 指向字符数组 str2 的第一个元素,然后将 str2 中的元素分别赋给 str1 中相应位置的元素,直到 str2 结束为止,即 j 指向 str2 的最后一个元素'\0';最后在 str1 的末尾添加一个结束标志'\0'。参考程序如下:

```cpp
#include <iostream.h>
void main(void)
{
char str1[40],str2[20];                 //定义字符数组 str1、str2
    int i,j;
    cout<<"输入二个字符串:";
    cin.getline(str1,20);               //输入字符串 1 到 str1 中
    cin.getline(str2,20);               //输入字符串 2 到 str2 中
    i=0;                                //使 i 指向 str1 的第一个元素
    while (str1[i]! ='\0')              //判断 str1 是否结束
        i++;                            //str1 没有结束,使 i 指向下一个元素
    j=0;                                //使 j 指向 str2 的第一个元素
    while (str2[j]! ='\0')              //判断 str2 是否结束
    {
      str1[i]=str2[j];                  //str2 没有结束,将 str2[j]赋给 str1[i]
      i++;                              //使 i 指向 str1 的下一个元素
      j++;                              //使 j 指向 str2 的下一个元素
    }
    str1[i]='\0';                       //在 str1 末尾添加结束标志 '\0'
    cout<<str1<<endl;                   //输出 str1
}
```

（4）编程实现将一十进制整数 M 转换为 D 进制数。

分析：进制转换的思想是不断地用 M 整除 D，然后逆序取余。可把每次得到的余数存放在字符数组中，将数组倒序输出即是转换的结果。参考程序如下：

```
//求 M 的 D 进制表示形式
#include<iostream. h>
void main()
{
    int m,d;
    int i=0;
    char s[20];
    cout<<"请输入整数 m 和转换进制 d:"<<endl;
    cin>>m>>d;
    if (m==0)
    {    cout<<'0'<<endl;
        return;
    }
    while(m>0)
    {
        int k;
        k=m%d;
        if(k>=0&&k<=9)  s[i]='0'+k;
        else if(k>=10&&k<16)    s[i]='A'+k-10;
        else
        {    cout<<"超过 16 进制出错!"<<endl;
            return;
        }
        m=m/d;
        i++;
    }
    i--;
    while(i>=0)
    {
        cout<<s[i];
        i--;
    }
    cout<<endl;
}
```

（5）有 5 个整数，已按由小到大顺序排列好，要求输入一个整数，把它插入到原有的数列中,而且仍然保持有序。

分析:因为要插入一个数,所以数组的长度应设为 6。首先将待插入的整数 x 与 a[4]比较,若 x 较大,直接把 x 的值赋给 a[5],若 x 较小依次向前查找插入的位置,可用 while 循环实现。参考程序如下:

```
# include <iostream. h>
# define N 5
void main()
{ int  i, x;
  int  a[N+1]={2,6,9,10,16};
  cout<<"please input x:"<<endl;
  cin>>x;      //输入待插入的数
  i=N-1;
  while((i>=0)&&(x<a[i])) //查找插入的位置
    { a[i+1]=a[i];
      i--;
    }
  a[i+1]=x;
  for (i=0;i<=N;i++)  cout<<a[i]<<" ";
   cout<<endl;
}
```

思考:若数组中的 5 个数由键盘随机输入,则应先排好序,然后查找插入的位置,程序如何修改?

【提高题】

(6) 编程序将给定的字符串删去空格后输出。

分析:逐个读取每个字符,若为空格将其后面的字符和字符串结束标志前移一位,再从该位置开始,重复上述操作,直到字符串结束。参考程序框架如下:

```
void main()
{
    //定义字符数组,存放字符串
    while(str[i]! =NULL) //若字符数组中为有效字符,继续此循环
    {
        if(str[i]==' ') //若当前字符为空格
         {
            //记录当前下标
            //该下标以后的所有字符前移,直至字符串结束
```

```
        }
        i++;//继续取下个字符
    }
    //输出结果
}
```

(7) 求解约瑟夫环问题：将 M 个小孩围成一圈，编号为 1~M，从第 1 号开始报数，报到 n 的倍数的小孩离开，一直数下去，直到最后只剩下 1 个小孩。求该小孩的编号。

分析：可定义动态数组用来存放小孩的编号，循环 M−1 轮，每轮出去一人，出去的小孩编号可赋为 0，则循环结束后，数组元素不为 0 的那个值即为最后小孩的编号。参考程序框架如下：

```
void main()
{
    //输入小孩的个数 M 和报数 n
    int *a=new int[M];//定义动态数组存放小孩编号
for(i=0;i<M−1;i++)   //循环 M−1 轮，每轮出队一人
    {
int j=0; //设 j 为计数器
while(j<n) //连续数 n 个没出队的人
{
    //数到没出队的人，计数加 1
}
//每数到第 n 个人，最后那个出队
}
//打印结果
}
```

【综合题】

(8) 某班有 5 个学生，进行了"数学"、"语文"、"英语"、"C++语言"等科目的考试，编写程序：

① 将考试成绩输入一个二维数组；

② 求每门课的平均成绩、每门课的不及格学生的人数及每门课的最高分与最低分；

③ 求每个学生的平均成绩、总分、不及格门数；

④ 按学生平均成绩的高低排序并输出。

工程训练 2　学生成绩管理系统(循环与数组篇)

这部分内容是学完了循环语句和数组后设计的学生成绩管理系统,该系统具有 10 名学生,四门课程。与上一个系统相比较,具有了更强大的功能。包括了几个模块,分别是输入输出模块、学生模块、课程模块。各模块与各个知识点之间的关系如图 2-2 所示。

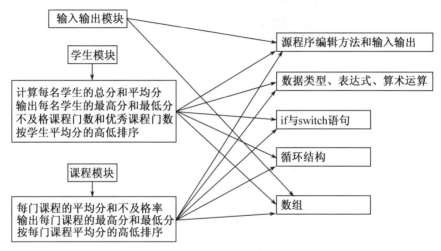

图 2-2　学生成绩管理系统各模块与知识点的连接图

该系统的主要知识点是使用循环结构对二维数组进行操作,学生模块就是二维数组的行操作,课程模块就是二维数组的列操作,算法基本相同。

Pro 2.1　程序框架

包括 10 名学生的成绩管理系统参考界面如图 2-3 所示,内容包括输入学生成绩、输出学生成绩、计算每名学生的总分和平均分、输出每名学生的最高分和最低分、统计每名学生的不及格课程门数和优秀课程门数、按学生平均分的高低排序、计算每门课程的平均分和不及格率、输出每门课程的最高分和最低分和按每门课程平均分的高低排序等。

学生成绩管理系统

1. 输入学生成绩
2. 输出学生成绩
3. 计算每名学生的总分和平均分
4. 输出每名学生的最高分和最低分
5. 统计每名学生的不及格课程门数和优秀课程门数
6. 按学生平均分的高低排序
7. 计算每门课程的平均分和不及格率
8. 输出每门课程的最高分和最低分
9. 按每门课程平均分的高低排序
10. 退出

输入选项(1～10)：

图 2-3　学生成绩管理系统参考界面

给出主要的程序框架，根据要求将代码填写完整，上机调试并运行。

```
//说明:10 名学生 4 门课程,分别是"数学"、"语文"、"英语"、"C++语言"。
//输入学生成绩,可以自定义二维数组,数据直接初始化。
#include<iostream. h>        //输入输出头文件
#include<process. h>         //system("cls"),清屏函数的头文件
#include<stdio. h>           //getchar(),接收一个字符函数的头文件,起到暂停作用
#include<iomanip. h>         //setw()函数的头文件
#include<string. h>          //strcpy()函数的头文件
void main()
{
    int options;      //用来存放选项的变量
    char studentname[10][15]={"zhanglili","chenjunwei","fanweiyong","tangjinquan", "peng-
tianyi","liuhao","wuling","sunpeipei","shenhaiyan", "tangxueyan"};
    char coursename[4][10]={"math","chinese","english","c++"};
    int studentscore[10][7]={     {0,1,78,56,98,90,0},{0,2,65,78,92,98,0},
                                  {0,3,34,87,89,80,0},{0,4,77,88,65,77,0},
                                  {0,5,56,66,43,66,0},{0,6,67,87,77,98,0},
                                  {0,7,87,67,35,97,0},{0,8,78,67,87,60,0},
                                  {0,9,67,76,88,72,0},{0,10,80,96,79,58,0},
                                  };
    //二维数组学生成绩是 10 行 7 列,第 0 列用来排名次,第 1 列存放学号,
    //第 2,3,4,5 列存放 4 门课程的成绩,第 6 列存放总分,初始化时为 0
```

```
double studentavg[10];          //存放每名学生的平均成绩
int coursesum[4];               //存放每门课程总和
double courseavg[4];            //存放每门课程的平均成绩
double coursefailed[4];         //存放每门课程的不及格率
do                  //循环语句
{
    system("cls");          //清屏函数
    根据上面的参考界面,输出系统菜单
    cin>>options;
    int i,j;        //循环变量
    int max,min;        //最高分和最低分
    int failedcount;        //不及格门数或者课程不及格人数
    int excellentcount;     //优秀课程门数
    switch(options)
    {
    case 1:         //输入学生成绩
        system("cls");
        cout<<endl<<"定义数组时已经初始化,等调试完代码后再修改!"<<endl;
        getchar();
        break;
    case 2:         //输出学生成绩
        system("cls");
        输出学生成绩
        getchar();
        break;
    case 3:         //计算每名学生的总分和平均分
        system("cls");
        计算每名学生的总分和平均分
        getchar();
        break;
    case 4:         //输出每名学生的最高分和最低分
        system("cls");
        输出每名学生的最高分和最低分
        getchar();
        break;
    case 5:         //统计每名学生的不及格课程门数和优秀课程门数
                //failedcount;//不及格门数
            //int excellentcount;//优秀课程门数
```

```
                system("cls");
                统计每名学生的不及格课程门数和优秀课程门数
                getchar();
                break;
        case 6：      //按学生平均分的高低排序
                system("cls");
                按学生平均分的高低排序
                getchar();
                break;
        case 7：      //计算每门课程的平均分和不及格率
                system("cls");
                计算每门课程的平均分和不及格率
                getchar();
                break;
        case 8：      //输出每门课程的最高分和最低分
                system("cls");
                输出每门课程的最高分和最低分
                getchar();
                break;
        case 9：      //按每门课程平均分的高低排序
                system("cls");
        按每门课程平均分的高低排序
                getchar();
                break;
        case 10：        //退出
                ;
        }
    }while(options！＝10);
    system("cls");
}
```

Pro 2.2　输入输出模块

输入输出模块中的界面设计可以参考第一单元的简单的学生成绩管理系统。输入模块是对二维数组各个元素赋值,输出模块是输出二维数组的各个元素的值。

1. 工程任务

A. 界面设计;

B. 输入 10 名学生的信息,包括学号、姓名、各门课程的成绩;

C. 输出 10 名学生的各门课的成绩。

2. 操作步骤

(1) 输出界面

输出界面如图 2-4 所示。

图 2-4　学生成绩管理系统主菜单

(2) 输入学生成绩

有两种方法实现输入学生成绩,一种方法,定义二维数组直接初始化,该方法方便调试;第二种方法,用键盘输入法对二维数组赋值。采用第一种方法进行调试,等全部调试通过后,再采用第二种方法,修改 case 1 的代码,实现键盘输入学生成绩。

(3) 输出学生成绩

输出学生成绩界面,如图 2-5 所示。

学号	姓名	数学	语文	英语	C++
1	zhanglili	78	56	98	90
2	chenjunwei	65	78	92	98
3	fanweiyong	34	87	89	80
4	tangjinquan	77	88	65	77
5	pengtianyi	56	66	43	66
6	liuhao	67	87	77	98
7	wuling	87	67	35	97
8	sunpeipei	78	67	87	60
9	shenhaiyan	67	76	88	72
10	tangxueyan	80	96	79	58

图 2-5　输出学生成绩

3. 总结

字符型二维数组 studentname[10][15]，用来存放 10 名学生的姓名；整型数组 studentscore[10][7]，是 10 行 7 列，第 0 列存放名次，第 1 列存放学号，第 2 列、第 3 列、第 4 列、第 5 列存放 4 门课程的成绩，第 6 列存放总分，名次和总分是求出来的，因此数组初始化时将第 0 列、第 6 列赋值为 0；先输出如图所示的第一行和第二行，然后使用循环语句输出中间 10 行，最后再输出最后一行。

Pro 2.3   学生模块

学生模块是二维数组的行运算，studentscore[10][7]，是 10 行 7 列，第 0 列用来排名次，第 1 列存放学号，第 2、3、4、5 列存放 4 门课程的成绩，第 6 列存放总分，初始化时为 0。要了解哪几行存放的是成绩，然后进行相关操作。

1. 工程任务

A. 计算每名学生的总分和平均分；

B. 输出每名学生的最高分和最低分；

C. 不及格课程门数和优秀课程门数；

D. 按学生平均分的高低排序。

2. 操作步骤

（1）计算每名学生的总分和平均分

在大循环的外面，定义双精度浮点数数组 studentavg[10]，存放每名学生的平均成绩，使用双层 for 循环，内层累计学生的总分，外层用来求平均分，平均分等于总和除以 4，在代码中一定要除以 4.0，才可以得到准确的平均分。编写代码，调试运行。在主菜单选第 3 项，如图 2-6 所示。

图 2-6   主菜单中输入选项 3

回车后,输出每名学生的总分和平均分。如图 2-7 所示,同时输出每名学生的各门课程的成绩。

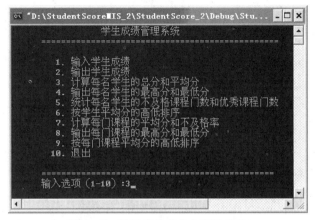

图 2-7　输出学生的总分和平均分

(2) 输出每名学生的最高分和最低分、

定义变量 int max,min,用来存放每名学生的最高分和最低分,但每次只能存放一名学生的分数,因此要在输出的循环中使用,求出最高分和最低分立即输出。

程序运行,在主菜单中选 4 如图 2-8 所示,回车。

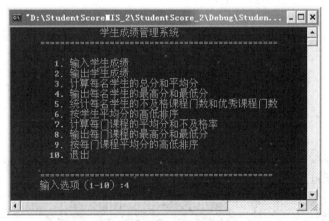

图 2-8　主菜单中输入选项 4

下面是最高分和最低分的参考代码。

```
cout<<endl；
cout<<setw(5)<<"学号"<<setw(12)<<"姓名"
    <<setw(8)<<"数学"<<setw(8)<<"语文"
```

```
                    <<setw(8)<<"英语"<<setw(8)<<"C++"
                    <<setw(8)<<"最高分"<<setw(8)<<"最低分"<<endl;
        cout<<"--------------------------"<<endl;
            for(i=0;i<10;i++)
            {
                cout<<setw(5)<<studentscore[i][1];
                cout<<setw(12)<<studentname[i];
                cout<<setw(8)<<studentscore[i][2]
                    <<setw(8)<<studentscore[i][3]
                    <<setw(8)<<studentscore[i][4]
                    <<setw(8)<<studentscore[i][5];
                //求最高分和最低分

                max=studentscore[i][2];
                min=studentscore[i][2];
                for(j=3;j<6;j++)
                {
                    if(max<studentscore[i][j])
                        max=studentscore[i][j];
                    if(min>studentscore[i][j])
                        min=studentscore[i][j];
                }

                //输出最高分和最低分
                cout<<setw(8)<<max<<setw(8)<<min<<endl;
            }
        cout<<"--------------------------"<<endl;
```

程序运行后,输出的结果,如图2-9所示。

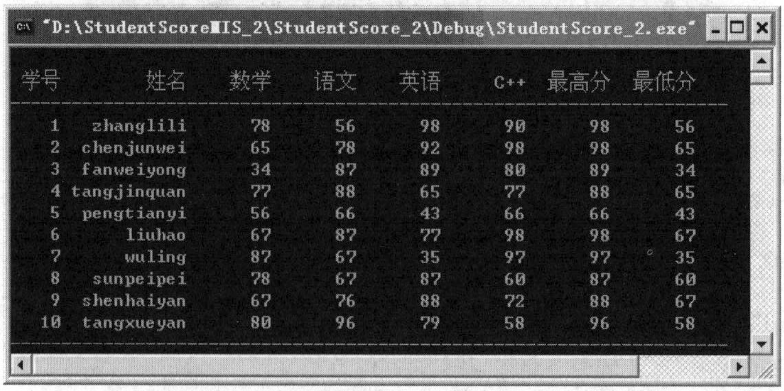

图2-9　输出学生的最高分和最低分

如果最高分和最低分用数组定义,就先求出最高分和最低分,然后输出结果。

(3) 不及格课程门数和优秀课程门数

与最高分和最低分相似,定义变量

```
int failedcount;      //不及格门数
int excellentcount;   //优秀课程门数
```

分别存放不及格门数和优秀课程门数。

调试程序,运行。在主菜单中选 5,如图 2-10 所示。

图 2-10 主菜单中输入选项 5

回车后,输出的结果如图 2-11 所示。

学号	姓名	数学	语文	英语	C++	不及格门数	优秀门数
1	zhanglili	78	56	98	90	1	2
2	chenjunwei	65	78	92	98	0	2
3	fanweiyong	34	87	89	80	1	0
4	tangjinquan	77	88	65	77	0	0
5	pengtianyi	56	66	43	66	2	0
6	liuhao	67	87	77	98	0	1
7	wuling	87	67	35	97	1	1
8	sunpeipei	78	67	87	60	0	0
9	shenhaiyan	67	76	88	72	0	0
10	tangxueyan	80	96	79	58	1	1

图 2-11 输出学生的不及格门数和优秀门数

(4) 按学生平均分的高低排序

在进行排序之前,在主菜单中,执行第 3 选项,得到平均分后,再进行排序;排序算法任意选择,如选择法、冒泡法等,由大到小排序,同时学生的姓名数组也要跟着同时交换,确保姓名和各门课程的成绩是一一对应的。

调试程序,运行。在主菜单中选 6,如图 2-12 所示,排序结果如图 2-13 所示。

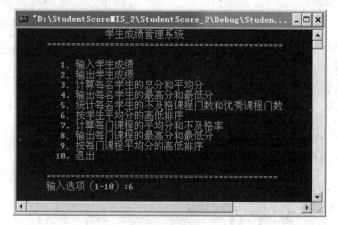

图 2-12　主菜单中输入选项 6

下面是排序和输出的参考代码。

```
//排序
for(i=0;i<9;i++)
{
    for(j=i;j<10;j++)//studentavg[]
        if(studentavg[i]<studentavg[j])
        {
            int t,temp;
            for(t=0;t<7;t++)
            {
                temp=studentscore[i][t];
                studentscore[i][t]=studentscore[j][t];
                studentscore[j][t]=temp;
            }
            double tem;
            tem=studentavg[i];
            studentavg[i]=studentavg[j];
            studentavg[j]=tem;
//char studentname[10][15]={"zhanglili","chenjunwei","fanweiyong","tangjinquan",
//      "pengtianyi","liuhao","wuling","sunpeipei","shenhaiyan", "tangxueyan"};
            char studentnametemp[1][15];
            strcpy(studentnametemp[0],studentname[i]);
```

```
                strcpy(studentname[i],studentname[j]);
                strcpy(studentname[j],studentnametemp[0]);
            }
        studentscore[i][0]=i+1;          //第 0 列用来排名次
    }
    studentscore[i][0]=i+1;
    //输出
    cout<<endl;
    cout<<setw(5)<<"名次"<<setw(5)<<"学号"<<setw(12)<<"姓名"
        <<setw(8)<<"数学"<<setw(8)<<"语文"
        <<setw(8)<<"英语"<<setw(8)<<"C++"
        <<setw(8)<<"总分"<<setw(8)<<"平均分"<<endl;
    cout<<"----------------------------"<<endl;
    for(i=0;i<10;i++)
    {
        cout<<setw(5)<<studentscore[i][0]<<setw(5)<<studentscore[i][1];
        cout<<setw(12)<<studentname[i];
        cout<<setw(8)<<studentscore[i][2]
            <<setw(8)<<studentscore[i][3]
            <<setw(8)<<studentscore[i][4]
            <<setw(8)<<studentscore[i][5]
            <<setw(8)<<studentscore[i][6]
            <<setw(8)<<studentavg[i]
            <<endl;
    }
    cout<<"----------------------------"<<endl;
```

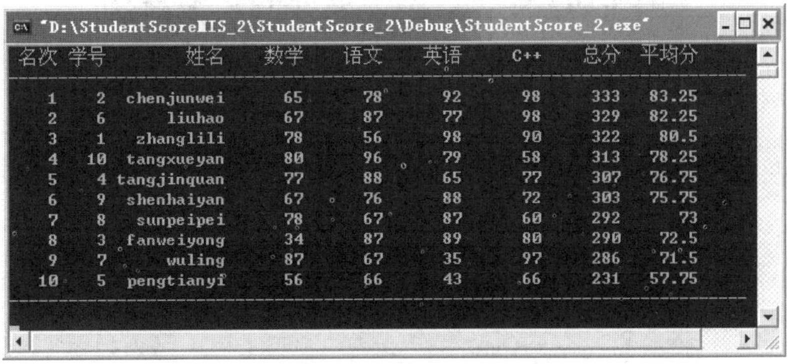

图 2-13   输出学生的名次

3. 总结

编程序的方法有很多,设计算法不同,编的代码也不一样;只要输出正确的结果就可以了,参考代码不是唯一的。数组的特点是只能是相同类型数据元素的集合,因此不能把学生姓名和成绩放在一个数组,而应分别放在 char 和 int 两个不同类型数组里。交换时,要同时操作,保证每行的姓名与每行的成绩是一一对应的。

Pro 2.4   课程模块

课程模块是二维数组的列运算,studentscore[10][7],第 2、3、4、5 列分别存放"数学"、"语文"、"英语"、"C++"这四门课程的成绩。主要进行列操作完成求平均分和不及格率等操作,算法与行操作相似,这里就不再详细展开。

1. 工程任务

A. 每门课程的平均分和不及格率;

B. 输出每门课程的最高分和最低分;

C. 按每门课程平均分的高低排序。

2. 操作步骤

(1) 每门课程的平均分和不及格率

定义变量

```
int coursesum[4];           //存放每门课程总和
double courseavg[4];        //存放每门课程的平均成绩
double coursefailed[4];     //存放每门课程的不及格率
```

在主菜单中选择第 7 项,如图 2-14 所示。

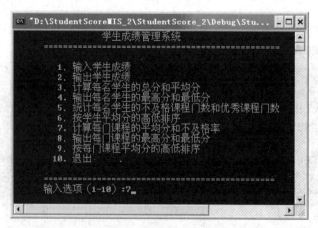

图 2-14   主菜单中输入选项 7

下面是每门课程的平均分和不及格率的参考代码。

```
for(j=0;j<4;j++)
{
    coursefailed[j]=0;      //每门课程的不及格率
    coursesum[j]=0;         //每门课程总和
    int count=0;            //不及格人数
    for(i=0;i<10;i++)
    {
        //studentscore 数组的第 2,3,4,5 列存放成绩
        coursesum[j]+=studentscore[i][j+2];
        if(studentscore[i][j+2]<60)
            count++;
    }
    courseavg[j]=coursesum[j]/10.0;
    coursefailed[j]=count/10.0;
}
//输出
cout<<endl;
cout<<setw(8)<<"课程名"
    <<setw(8)<<"平均分"
    <<setw(13)<<"不及格率"<<endl;
cout<<"----------------------------"<<endl;
for(i=0;i<4;i++)
{
    cout<<setw(8)<<coursename[i]<<setw(8)<<courseavg[i];
    cout<<setw(12)<<coursefailed[i] * 100<<'%'<<endl;
}
    cout<<"----------------------------"<<endl;
```

运行后,得到下面的输出结果,如图 2-15 所示。

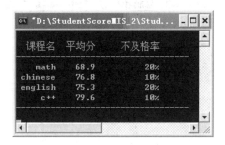

图 2-15　输出每门课程的平均分和不及格率

（2）输出每门课程的最高分和最低分

在主菜单中选 8，如图 2-16 所示。

执行后的结果，如图 2-17 所示。

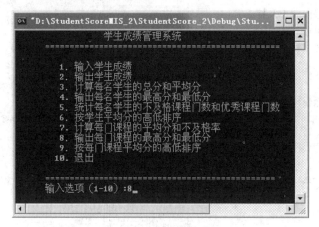

图 2-16　主菜单中输入选项 8　　　　　　　图 2-17　输出课程最高分和最低分

（3）按每门课程平均分的高低排序

在主菜单中选 9，如图 2-18 所示。

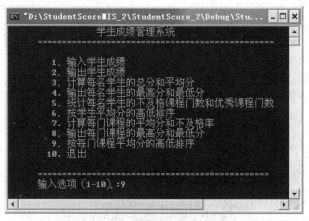

图 2-18　主菜单中输入选项 9

下面是按课程平均分进行排序的参考代码。

```
for(i=0;i<3;i++)
{
        for(j=i+1;j<4;j++)
        {
```

```
                    if(courseavg[i]＜courseavg[j])
                    {
                            double temp;
                            temp＝courseavg[i];
                            courseavg[i]＝courseavg[j];
                            courseavg[j]＝temp;
                            //    coursename[4][10]＝{"math","chinese","english","c++"};
                            char coursenametemp[1][10];
                            strcpy(coursenametemp[0],coursename[i]);
                            strcpy(coursename[i],coursename[j]);
                            strcpy(coursename[j],coursenametemp[0]);
                    }
            }
    }
    cout＜＜endl;
    cout＜＜setw(5)＜＜"名次"＜＜setw(8)＜＜"课程名"＜＜setw(8)＜＜"平均分"＜＜endl;
    cout＜＜"----------------------------"＜＜endl;
    for(i=0;i＜4;i++)
    {
    cout＜＜setw(5)＜＜i+1＜＜setw(8)＜＜coursename[i]＜＜setw(8)
        ＜＜courseavg[i]＜＜endl;
    }
    cout＜＜"----------------------------"＜＜endl;
```

执行后的结果,如图 2-19 所示。

图 2-19　课程按平均分排序

3. 总结

数组中可以存放更多的数据,使用循环结构对数组中每一个元素进行处理,比较简单变量,数组的功能更强大。

第三单元

实验 6　函数调用

6.1　实验目的和要求

(1) 了解函数的定义方法,理解函数的调用;

(2) 初步掌握函数的递归、嵌套调用;

(3) 学习并了解重载函数、内联函数的基本概念。

6.2　相关知识点

6.2.1　函数的相关语法

1. 函数定义的一般形式

函数定义的一般形式如下:

```
返回类型 函数名([参数表])      //函数头
{                            //函数体
    语句块
}
```

注意以下几点:

(1) 一个C++程序必须由一个主函数和若干个子函数(可以是零个)构成。程序的运行,总是开始于主函数,也结束于主函数。

(2) 参数表:每一个参数必须声明自己的类型。函数可以有一个或多个参数变量,也可以没有参数。如果没有参数,称为"无参"函数,无参函数的参数表中可写有 void,也可省略不写。

(3) 函数可以有返回值,也可以没有返回值。对于没有返回值的函数,功能只是完成一定操作,应将返回值类型定义为 void,函数体内可以没有 return 语句,当需要在程序指定位置退出时,可以在该处放置一个 return 语句。

2. 函数调用

一般格式为:

```
函数名(实参表);
```

说明：

（1）如果调用无参函数，则实参表为空，但函数名后的括号不能省略。

（2）实参和形参的个数和排列顺序应一一对应，并且对应参数应类型匹配。

（3）C++不能嵌套定义函数，但可以嵌套调用函数。

3. 函数声明

函数声明与定义中的函数头相同，即：

返回类型　函数名（[参数表]）；

因为是一条独立的语句，尾部需加分号，该处的参数表可只写类型，而省略参数名字。如：int sum(int,int);

6.2.2　参数传递

函数的参数传递指的是形参与实参结合的过程。在C++中有两种参数传递方式，值传递和引用传递。

（1）值传递：将实参的值复制给形参，在函数中参加运算的是形参，而实参不会发生任何改变。传值调用起了一种隔离作用。

（2）引用传递：在这种方式中，形参和实参对应同一块内存单元，对形参所作的任何更改会影响主函数中的实参。

6.2.3　重载函数

在C++中，如果需要定义几个功能相似，而参数类型或者参数个数不同的函数，那么这样的几个函数可以使用相同的函数名，这就是函数重载。系统会根据实参与形参的个数或类型进行匹配，自动确定该调用哪个函数。

注意：重载函数的参数必须不同，不同之处可以是参数的类型或参数的个数。

（1）仅仅参数名不一样，不能重载函数。如：

```
int max(int a, int b);
int max(int c, int d);
```

（2）仅仅返回值不一样，不能重载函数。如：

```
float max(int a, int b);
int max(int a, int b);
```

6.2.4　内联函数

若函数声明为内联函数，则当编译器发现某段代码在调用一个内联函数时，它不是去调用该函数，而是将该函数的代码，整段插入到当前位置。

需要注意以下几点：

（1）内联函数体内一般不能有循环语句和 switch 语句；

（2）在内联函数第一次被调用之前，这个函数一定要有声明或已定义为 inline；

（3）inline 函数内的代码应很短小，一般不超过 5 行。

6.2.5　函数模板

函数模板声明格式：

```
template　　<class 类型参数>
返回类型　　函数名(参数表)
｛　　函数体　　｝
```

说明：

（1）函数模板定义由模板说明和函数定义组成；

（2）关键字"class"用来指定类型参数，也可以使用 typename 来指定；

（3）模板说明的类型参数必须在函数定义中至少出现一次；

（4）函数模板可以像一般函数那样直接使用，函数模板在使用时，编译器根据函数的参数类型来实例化类型参数，生成具体的模板函数。

6.2.6　递归调用

一个函数直接或间接地调用自己，这种函数调用方式称为递归调用，分为直接递归和间接递归。递归函数的执行分为"递推"和"回归"两个过程，这两个过程由递归终止条件控制，即逐层递推，直至递归终止条件，然后逐层回归。所以递归函数中必须要有终止条件，否则程序将崩溃。

6.2.7　多文件结构

C++多文件系统的开发过程如图 3-1 所示。

多文件结构通过工程进行管理，在工程中建立若干用户定义的头文件.h 和源程序文件.cpp。头文件中定义用户自定义的数据类型，所有的程序实现则放在不同的源程序文件中。编译时每个源程序文件单独编译，如果源程序文件中有编译预处理指令，则首先经过编译预处理生成临时文件存放在内存，之后对临时文件进行编译生成目标文件.obj，编译后临时文件撤销。所有的目标文件经连接器连接最终生成一个完整的可执行文件.exe。

头文件中可以包括：用户构造的数据类型（如枚举类型）、外部变量、外部函数、常量和内联函数等具有一定通用性或常用的量，而一般性的变量和函数定义不宜放在头文件中。

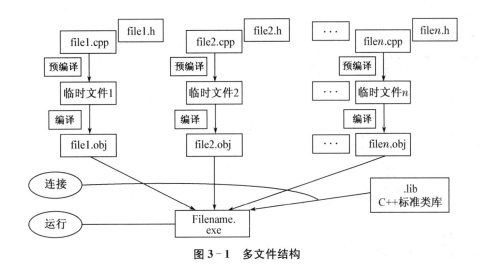

图 3-1　多文件结构

6.2.8　编译预处理

编译器在编译代码时,至少需要两遍的编译处理,其中第一次,就是专门用于处理所有以 ♯ 开头的语句,如 ♯ifndef … ♯endif、♯define 等。这一遍处理过程,我们称为预编译。

6.2.9　文件包含

格式有两种:

♯include ＜文件名＞　　//到 VC 的安装目录下查找文件,适合系统定义的头文件
或者 ♯include "文件名"　　//首先到本工程目录下查找,若找不到,再到 VC 的安装目录下查找适合
　　　　　　　　　　　　自定义的头文件

其中,"文件名"是指被包含的文件全名(包括扩展名)。

 ## 6.3　实验内容

【基础题】

(1) 编写函数实现如下功能,并在主函数中调用测试结果,要求 n 的值从键盘输入。

$$1-\frac{1}{2}+\frac{1}{3}-\frac{1}{4}+\frac{1}{5}-\frac{1}{6}+\frac{1}{7}-\cdots+\frac{1}{n}$$

分析:根据表达式可得出规律,当 i 是奇数时,单项为 $1/i$,当 i 为偶数时,单项为 $-1/i$,另外,要注意运算符"/"当两个操作数均为整数时,完成整除功能,所以有必要对操作数进行类型转换。参考程序如下:

```
//求 1-1/2+1/3-1/4+1/5…+1/n
#include<iostream. h>
double func(int n);
void main() //主函数
{
int n;
cin>>n;
cout<<func(n)<<endl;
}

double func(int n) //被调函数
{
double d,s=0;
for(int i=1;i<=n;i++)
{
  if(i%2==0)
  d=double(-1)/i;
  else
  d=double(1)/i;
  s=s+d;
  }
  return s;
}
```

思考:将函数放入头文件中,再进行调用,该如何实现?

(2) 已知 $C_m^n = \dfrac{m!}{n!\ (m-n)!}$,编写程序,输入 m 和 n(m>=n),求 C_m^n 的值。要求定义一个函数 fact 求得阶乘,定义另一个函数 cmn 求得组合数,在主函数中进行输入、调用并输出结果值。

分析:

① 可先定义一个函数 fact(int k)用来求 k!;

② 再定义一个函数 cmn( )用来求 M! /(N! *(M-N)!);在该函数中调用三次 fact 函数,分别求 m!、n!、(m-n)!;

③ 在主函数 main 中进行测试,注意检查输入数据的合法性。

参考程序如下:

```
#include <iostream. h>
int fact(int k)                //定义计算 k 阶乘的函数 fact( )
```

```
{
        int t=1;
        for (int i=1;i<=k;i++)
            t=t*i;
        return    t;
}
float cmn(int M,int N)//定义计算组合数的函数 cmn( )
{
        float p;
        p=(float)fact(M)/(fact(N)*fact(M-N));        //调用求阶乘函数 fact( )
        return    p;
}
void main( )
    {
        float s;
        int m,n;
        do
        {
        cout<<"输入 m、n 值:";
        cin>>m>>n;
        if(m<n||m<1)
        cout<<"输入有误,请重新输入:"<<endl;
        }while(m<n||m<1);
        s=cmn(m,n);//调用计算组合数的函数 cmn( )
        cout<<"结果为:"<<s<<endl;
}
```

思考:

① fact 函数用递归的方法如何实现?

② 将 fact 函数放入另一个源文件中,该如何组织工程?

(3) 分别采用非递归和递归法求解 Fibonacii 数列前 20 项,要求每行输出 5 个数据。

Fibonacii 数列定义如下:

$$\text{fib}(n)=\begin{cases} 0 & n=0 \\ 1 & n=1 \\ \text{fib}(n-2)+\text{fib}(n-1) & n>1 \end{cases}$$

非递归算法分析:除了第 0 项和第 1 项外,每一项都是由类似方法产生,即前两项之和;所以求当前项时,只需要记住前两项;程序不需要为每一项设置专用变量。

参考程序如下:

```
#include<iostream.h>
#include<iomanip.h>
void fib();
void main()
{
cout<<"Fibonacii 数列前 20 项为:"<<endl;
fib();
}
void fib()
{
    int fib0=0,fib1=1,fib2,n;
    cout<<setw(5)<<fib0<<setw(5)<<fib1;
    for(n=3;n<=20;n++)
    {
        fib2=fib0+fib1;
        cout<<setw(5)<<fib2;
        if(n%5==0)   cout<<endl; //控制每行 5 个数据
        fib0=fib1;
        fib1=fib2;
    }
}
```

递归算法参考如下：

```
int fib(int n)
{
    if(n==0) return 0;
    else if(n==1) return 1;
    else return fib(n-1)+fib(n-2);
}
void main()
{
    int i;
    cout<<"Fibonacii 数列前 20 项为:"<<endl;
    for(i=0;i<=19;i++)
    {
    if(i%5==0) cout<<endl;
    cout<<setw(5)<<fib(i);
    }
    cout<<endl;
}
```

（4）定义内联函数实现求三个整数中的最大值。

分析：内联函数只适用于功能简单、代码短小而又被重复使用的函数。若函数体中包含复杂结构控制语句，如 switch、复杂 if 嵌套、while 语句等，以及无法内联展开的递归函数，都不能定义为内联函数，即使定义，系统也将作为一般函数处理。该题参考程序如下：

```
#include<iostream>
using namespace std;
inline max(int a,int b,int c)
{
    if(a>b&&a>c) return a;
    if(b>a&&b>c) return b;
    return c;
}
int main(){
    cout<<max(5,7,4)<<endl;
    return 0;
}
```

（5）设计两个重载函数，分别求两个整数相除的余数和两个实数相除的余数。两个实数求余定义为实数四舍五入取整后相除的余数。

分析：实数四舍五入取整，正数是 $+0.5$ 取整，负数是 -0.5 取整。可将整数求余和实数求余定义为两个重载函数，参考程序如下：

```
#include<iostream>
#include<cmath>
using namespace std;
mod(int n,int m)  //整数求余
{
    return n%m;
}
round(double x)  //四舍五入函数
{
    if(x>=0)   return int(x+0.5);
    else     return int(x-0.5);
}
mod(double x,double y)  //实数求余
{
    return round(x)%round(y);
}
```

```
int main(){
    cout<<"mod(8,3)="<<mod(8,3)<<endl;
    cout<<"mod(8.2,3.6)="<<mod(8.2,3.6)<<endl;
    cout<<"mod(-8.2,-2.6)="<<mod(-8.2,-2.6)<<endl;
    return 0;
}
```

【提高题】

(6) 编写函数,求两个自然数 M 和 N 的最大公约数及最小公倍数。

分析:最大公约数就是能同时整除 M 和 N 的最大正整数,用欧几里得算法(也称辗转相除法)求解,其步骤如下:

① 输入两个自然数 M 和 N;

② 求余数 R (0<=R<N);

③ 置换 N->M,R->N;

④ 判断,当 R! =0 时,返回第(2)步;当 R=0 时,顺序执行第(5)步;

⑤ 输出结果,M 为所求最大公约数。

另外,最小公倍数=M×N/最大公约数。参考程序框架如下:

```
int iZdgys(int m,int n);//函数声明
void main()
{
    //输入两个自然数
    u=iZdgys(m,n);   //调用函数求得最大公约数
    v=m*n/u;   //求得最小公倍数
    //输出结果
}
int iZdgys(int m,int n)   //函数功能:求得 m 和 n 的最大公约数
{
    //若 m<n,两者交换
    //利用辗转相除法求解
}
```

(7) 建立一个头文件 area.h,在其中定义两个面积函数 area(),分别用来计算半径为 r 的圆的面积和边长为 a 和 b 的矩形面积。另外建立一个实现文件 area.cpp,在其中定义主函数。通过包含 area.h,输入数据并输出圆和矩形的面积。

分析:两个面积函数 area()(重载函数),一个是单参数,一个是双参数。工程中应有一个头文件 area.h 和源程序文件 area.cpp。参考程序框架如下:

```
//头文件 area. h
double area(double r);                //定义计算圆面积函数
double area(double a,double b);       //定义计算矩形面积函数

//实现文件 area. cpp
#include<iostream. h>
#include"area. h"
void main()
{
    //输入半径 r 以及边长 a、b
    cout<<"area("<<r<<")="<<area(r)<<endl;   //函数调用并打印结果
    cout<<"area("<<a<<','<<b<<")="<<area(a,b)<<endl;
}
```

（8）编写一个对一维数组进行排序的函数模板。在主函数中使用设计的函数模板对 int 数组、double 数组和 char 数组进行排序。

分析：采用某种排序算法实现函数模板，在函数模板中可将数组的类型参数化，主函数中调用函数时分别传送 int、double 和 char 类型的实参数组。参考程序框架如下：

```
//函数模板
template<class T>
void sort(T a[],int n)
{
    //排序算法
}
void main()
{
    //定义三个不同类型的数组 a_int、a_float、a_double
    sort(a_int,10);
    //打印 int 型数组排序后的结果
    sort(a_float,10);
    //打印 float 型数组排序后的结果
    sort(a_double,10);
    //打印 double 型数组排序后的结果
}
```

【综合题】

（9）使用多文件结构编写程序计算 $y=\dfrac{5!+7!}{8!}$ 和 $s=1!+2!+3!+\cdots+10!$ 的值。要求如下：

① 把求阶乘的函数存放在文件 file1. cpp 中；

② 求 $y=\dfrac{5!+7!}{8!}$ 的函数存放在文件 file2. cpp 中；

③ 求 $s=1!+2!+3!+\cdots+10!$ 的函数存放在文件 file3. cpp 中；

④ 函数原型在头文件 headf. h 中声明；

⑤ 主函数存放在文件 mainf. cpp 中。

(10) 定义两个函数(重载函数)分别计算三角形和圆的面积。用户将被询问是要计算三角形的面积还是想计算圆的面积。根据用户的响应(1 代表三角形, 2 代表圆),程序能根据用户的输入计算面积。

要求：

① 定义三角形面积函数 area,参数分别是底和高；

② 定义圆的面积函数 area,参数是半径；

③ 主函数中打印用户选择界面；

④ 根据用户选择,提示用户输入相应的面积参数；

⑤ 主函数中调用重载函数,并打印结果。

(11) 幼儿园有 n(<20)个孩子围成一圈分糖果。老师先随机地发给每个孩子若干颗糖果,然后按以下规则调整：每个孩子同时将自己手中的糖果分一半给坐在他右边的小朋友；比如共有 8 个孩子,则第 1 个将原来的一半分给第 2 个,第 2 个将原有的一半分给第 3 个……第 8 个将原有的一半分给第 1 个,这样的平分动作同时进行；若平分前,某个孩子手中的糖果是奇数颗,则必须从老师那里要一颗,使他的糖果数变成偶数。小孩人数和每个小孩的初始糖果数由键盘输入。编写程序求出经过多少次上述调整,可使每个孩子手中的糖果一样多,调整结束时每个孩子有多少颗糖果,在调整过程中老师又新增发了多少颗糖果。

提示：

① 从键盘输入人数 n 和每个小孩的初始糖果数 a[i](i<=n−1)；

② 初始化调整次数 loopn=0,新增发糖果数 addt=0,并定义另一数组 b,存放上个小孩分给下个小孩的糖果数；

③ 定义函数 Equal,判断每个小孩的糖果数是否相等；若相等返回 1,若不等返回 0；

④ 主函数中调整糖果分配,若函数 Equal 的返回值为 0,需进行如下调整：

➤ 若小孩手中的糖果数为奇数,a[i]++,且增发糖果数 addt++；

➤ 每个小孩分给下个小孩的糖果数保存在数组 b 中,b[i+1]=a[i]/2；但要注意最后那个小孩的特殊情况；

➤ 每个小孩剩余的糖果数减半,a[i]=a[i]/2；

上面三步操作要循环做 n 次,循环结束后 a[i]中的值为第 i 个小孩手中剩余的糖果数(还未加上上个小孩分给自己的个数)

➢ 对每个小孩手中的糖果数重新计算,a[i]＝a[i]＋b[i]。

⑤ 若函数 Equal 的返回值为 0,重复进行第 4 步,若函数 Equal 的返回值为 1,顺序执行第 6 步;

⑥ 主函数中打印结果。

工程训练 3　学生成绩管理系统(函数与头文件篇)

包括两部分内容:首选将其"函数"化;其次将其"头文件"化。

Pro 3. 1　函数模块

将第 3 章的学生成绩管理系统,各个模块功能改为用函数实现。设计了 6 个函数,各个函数与系统功能的对应关系如图 3-2 所示。

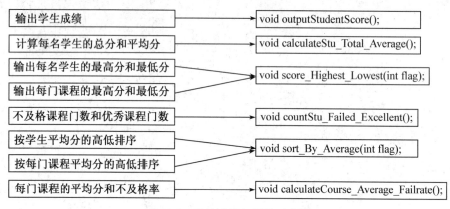

图 3-2　系统功能与函数对应图

1. 工程任务

根据系统功能与函数对应图,将所有的函数实现,完成系统功能。

下面给出代码框架,根据操作步骤完善程序。

```
#include<iostream. h>        //输入输出头文件
#include<process. h>         //system("cls"),清屏函数的头文件
#include<stdio. h>           //getchar(),接收一个字符函数的头文件,起到暂停作用;
#include<iomanip. h>         //setw()函数的头文件
#include<string. h>          //strcpy()函数的头文件

        函数的声明语句区
```

```
        ┌──────────┐
        │全局变量定义区│
        └──────────┘
void main()
{
    int options;        //用来存放选项的变量
    do                  //循环语句
    {
        system("cls");          //清屏函数
        cout<<"              学生成绩管理系统"<<endl;
        cout<<"          ========================"<<endl;
        cout<<endl;
        cout<<"            1. 输入学生成绩"<<endl;
        cout<<"            2. 输出学生成绩"<<endl;
        cout<<"            3. 计算每名学生的总分和平均分"<<endl;
        cout<<"            4. 输出每名学生的最高分和最低分"<<endl;
        cout<<"            5.统计每名学生的不及格课程门数和优秀课程门数"<<endl;
        cout<<"            6. 按学生平均分的高低排序"<<endl;
        cout<<"            7. 计算每门课程的平均分和不及格率"<<endl;
        cout<<"            8. 输出每门课程的最高分和最低分"<<endl;
        cout<<"            9. 按每门课程平均分的高低排序"<<endl;
        cout<<"            10. 退出"<<endl<<endl;
        cout<<"          ========================"<<endl;
        cout<<"        输入选项(1~10):";
        cin>>options;
        switch(options)
        {
        case 1:         //输入学生成绩
            system("cls");
            cout<<endl<<"定义数组时已经初始化,等调试完代码后再修改!"<<endl;
            getchar();
            break;
        case 2:         //输出学生成绩
            ┌──────────┐
            │函数调用语句│
            └──────────┘
            break;
        case 3:         //计算每名学生的总分和平均分
            ┌──────────┐
            │函数调用语句│
            └──────────┘
            break;
        case 4:         //输出每名学生的最高分和最低分
```

```
        函数调用语句
            break;
    case 5:          //统计每名学生的不及格课程门数和优秀课程门数
        函数调用语句
            break;
    case 6:          //按学生平均分的高低排序,先执行第 3 项,计算总分和平均分
        函数调用语句
            break;
    case 7:          //计算每门课程的平均分和不及格率
        函数调用语句
            break;
    case 8:          //输出每门课程的最高分和最低分
        函数调用语句
            break;
    case 9:          //按每门课程平均分的高低排序
        函数调用语句
            break;
    case 10:         //退出
        ;
        }
    }while(options! =10);
    system("cls");
}
void outputStudentScore()      //case 2:输出学生的成绩
{
    定义函数体
}
void calculateStu_Total_Average()     //case 3:计算每名学生的总分和平均分
{
    定义函数体
}
void score_Highest_Lowest(int flag) //case 4:case 8:求二维数组的最大值和最小值,flag=0:求每
                            行的最高分和最低分;flag=1:求每列的最高分和最低分
{   system("cls");
    cout<<endl;
```

```
    int i,j;
    int max,min; //最高分和最低分
    if(flag==0)
    {
        定义函数体 1
    }
    else if(flag==1)
    {
        定义函数体 2
    }
    getchar();

}

void countStu_Failed_Excellent() //case 5:统计每名学生的不及格课程门数和优秀课程门数
{
    定义函数体
}

//按学生平均分的高低排序,一定已经执行了第 3 项,计算出了总分和平均分
void sort_By_Average(int flag) //case 6:case 9: flag=0:按学生平均分的高低排序;
                              //flag=1:按课程平均分排序
{
    system("cls");
    int i,j;
    if(flag==0)
    {
        定义函数体 1
    }
    else if(flag==1)
    {
        定义函数体 2
    }
    getchar();
}

void calculateCourse_Average_Failrate() //case 7:计算每门课程的平均分和不及格率
```

```
{
    定义函数体
}
```

2. 操作步骤

（1）设置全局变量

以前只有一个主函数，所有的变量都定义在主函数中，现在要定义多个函数，每个函数都要用到公共的变量，因此将这些变量定义为全局变量。

将下面变量的定义写在主函数的外面，写在全局变量定义区框内。

```
char studentname[10][15]={"zhanglili","chenjunwei","fanweiyong","tangjinquan",
                          "pengtianyi","liuhao","wuling","sunpeipei","shenhaiyan",
                          "tangxueyan"};
char coursename[4][10]={"math","chinese","english","c++"};
int studentscore[10][7]={   {0,1,78,56,98,90,0},{0,2,65,78,92,98,0},
                            {0,3,34,87,89,80,0},{0,4,77,88,65,77,0},
                            {0,5,56,66,43,66,0},{0,6,67,87,77,98,0},
                            {0,7,87,67,35,97,0},{0,8,78,67,87,60,0},
                            {0,9,67,76,88,72,0},{0,10,80,96,79,58,0},
                            };
//二维数组学生成绩是10行7列,第0列用来排名次,第1列存放学号,
//第2,3,4,5列存放4门课程的成绩,第6列存放总分,初始化时为0
double studentavg[10];      //存放每名学生的平均成绩
int coursesum[4];           //存放每门课程总和
double courseavg[4];        //存放每门课程的平均成绩
double coursefailed[4];     //存放每门课程的不及格率
```

（2）函数的定义

在 main() 函数的下面，定义其他函数，主函数和其他函数是并列关系，不是包含关系，切不可将其他函数定义在主函数之内，一定在主函数的外面。

① 设计 outputStudentScore() 函数，输出学生成绩，将原来系统中 case 2：中的语句，除了 break 外，其他语句剪切到 outputStudentScore() 函数体中，如下面的代码所示。局部变量要自己定义，如这里的循环变量 i。

```
void outputStudentScore()   //case 2：输出学生的成绩
{
    ystem("cls");
    cout<<endl;
    cout<<setw(5)<<"学号"<<setw(12)<<"姓名"
```

```
        <<setw(8)<<"数学"<<setw(8)<<"语文"
        <<setw(8)<<"英语"<<setw(8)<<"C++"<<endl;
    cout<<"----------------------------"<<endl;
    for(int i=0;i<10;i++)
    {
        cout<<setw(5)<<studentscore[i][1];
        cout<<setw(12)<<studentname[i];
        cout<<setw(8)<<studentscore[i][2]
            <<setw(8)<<studentscore[i][3]
            <<setw(8)<<studentscore[i][4]
            <<setw(8)<<studentscore[i][5]<<endl;
    }
    cout<<"----------------------------"<<endl;
    getchar();
}
```

② 设计 score_Highest_Lowest(int flag)函数,如果 flag=0,输出每名学生的最高分和最低分;如果 flag=1,输出每门课程的最高分和最低分。

将原来系统中 case 4:中的语句,剪切到该函数的定义函数体 1 中;将 case 8:中的语句,剪切到该函数的定义函数体 2 中,如下面代码所示。其他函数的定义与此类似。

```
    void score_Highest_Lowest(int flag) //case 4:case 8:求二维数组的最大值和最小值,flag=0:求每
行的最高分和最低分;flag=1:求每列的最高分和最低分;
    {
        system("cls");
        cout<<endl;
        int i,j;
        int max,min; //最高分和最低分
        if(flag==0)
        {
            cout<<setw(5)<<"学号"<<setw(12)<<"姓名"
                <<setw(8)<<"数学"<<setw(8)<<"语文"
                <<setw(8)<<"英语"<<setw(8)<<"C++"
                <<setw(8)<<"最高分"<<setw(8)<<"最低分"<<endl;
            cout<<"----------------------------"<<endl;
            for(i=0;i<10;i++)
            {
                cout<<setw(5)<<studentscore[i][1];
                cout<<setw(12)<<studentname[i];
```

```
        cout<<setw(8)<<studentscore[i][2]
            <<setw(8)<<studentscore[i][3]
            <<setw(8)<<studentscore[i][4]
            <<setw(8)<<studentscore[i][5];
        //求最高分和最低分
        max=studentscore[i][2];
        min=studentscore[i][2];
        for(j=3;j<6;j++)
        {
            if(max<studentscore[i][j])
                max=studentscore[i][j];
            if(min>studentscore[i][j])
                min=studentscore[i][j];
        }
        //输出最高分和最低分
        cout<<setw(8)<<max<<setw(8)<<min<<endl;
    }
    cout<<"----------------------------"<<endl;
}
else
{
    cout<<setw(8)<<"课程名"<<setw(8)<<"平均分"
        <<setw(8)<<"最高分"<<setw(8)<<"最低分"<<endl;
    cout<<"----------------------------"<<endl;
    for(i=0;i<4;i++)
    {
        cout<<setw(8)<<coursename[i]<<setw(8)<<courseavg[i];
        //求最高分和最低分
        max=studentscore[0][i+2];
        min=studentscore[0][i+2];
        for(j=1;j<10;j++)
        {
            if(max<studentscore[j][i+2])
                max=studentscore[j][i+2];
            if(min>studentscore[j][i+2])
                min=studentscore[j][i+2];
        }
        cout<<setw(8)<<max<<setw(8)<<min<<endl;
```

```
            }
            cout<<"----------------------------"<<endl;
      }

            getchar();
      }
```

（3）函数声明

在主函数后面定义的函数,在调用之前一定要声明。将下面函数的声明语句,放在"函数的声明语句区"框内。

```
void outputStudentScore();   //case 2:输出学生的各门课成绩
void calculateStu_Total_Average();   //case 3:计算每名学生的总分和平均分
void score_Highest_Lowest(int flag);   //case 4:case 8:求二维数组的最大值和最小值,
                                //flag=0:求每行的最高分和最低分;
                                //flag=1:求每列的最高分和最低分;
void countStu_Failed_Excellent();   //case 5:统计每名学生不及格课程门数和优秀课程门数
void sort_By_Average(int flag);   //case 6:case 9:排序
                                //flag=0:按学生平均分的高低排序;
                                //flag=1:按课程平均分排序
void calculateCourse_Average_Failrate();   //case 7:计算每门课程的平均分和不及格率
```

（4）函数调用

在对应的 case 语句内,写上对应的函数调用语句,举例略。

3. 总结

函数实现了模块化管理,使主函数更加简洁。在函数外定义的变量称全局变量,供其他函数使用;在函数内定义的变量称局部变量,供本函数使用。

Pro 3.2　头文件模块

为了进一步模块化,还可以使用头文件。将函数写在一个头文件中,使用时只需将其包括进来就可以了。用到了多个文件,就使用工作组和项目来管理文件,这样更方便使用 VSS 来管理。

使用多个头文件时,要避免数据重复定义的问题,数据集合中,某个数据如果首次被某个函数使用,就在该函数中定义。其他函数在使用时就不需要再定义,直接使用就行了;如果再定义数据,会出现数据被重复定义的错误信息。数据与首次被使用的函数之间的关系如图 3-3 所示。

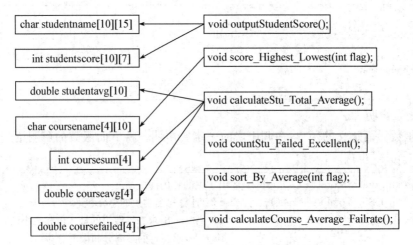

图 3-3 数据与首次被使用的函数之间的关系图

1. 工程任务

下面给出程序框架，根据操作步骤完善程序。

```cpp
# include<iostream. h>        //输入输出头文件
# include<process. h>         //system("cls")，清屏函数的头文件
# include<stdio. h>           //getchar()，接收一个字符函数的头文件，起到暂停作用；
# include<iomanip. h>         //setw()函数的头文件
# include<string. h>          //strcpy()函数的头文件

void main()
{
    int options;        //用来存放选项的变量
    do                  //循环语句
    {
        system("cls");        //清屏函数
        cout<<"                    学生成绩管理系统"<<endl;
        cout<<"      ==========================="<<endl;
        cout<<endl;
        cout<<"           1. 输入学生成绩"<<endl;
        cout<<"           2. 输出学生成绩"<<endl;
        cout<<"           3. 计算每名学生的总分和平均分"<<endl;
        cout<<"           4. 输出每名学生的最高分和最低分"<<endl;
        cout<<"           5. 统计每名学生的不及格课程门数和优秀课程门数"<<endl;
        cout<<"           6. 按学生平均分的高低排序"<<endl;
```

```
cout<<"              7. 计算每门课程的平均分和不及格率"<<endl;
cout<<"              8. 输出每门课程的最高分和最低分"<<endl;
cout<<"              9. 按每门课程平均分的高低排序"<<endl;
cout<<"              10. 退出"<<endl<<endl;
cout<<"       ==========================="<<endl;
cout<<"     输入选项(1～10):";
cin>>options;
switch(options)
{
case 1:      //输入学生成绩
    system("cls");
    cout<<endl<<" 定义数组时已经初始化,等调试完代码后再修改!"<<endl;
    getchar();
    break;
case 2:      //输出学生成绩
    outputStudentScore();
    break;
case 3:      //计算每名学生的总分和平均分
    calculateStu_Total_Average();
    break;
case 4:      //输出每名学生的最高分和最低分
    score_Highest_Lowest(0);      //flag=0
    system("cls");
    break;
case 5:      //统计每名学生的不及格课程门数和优秀课程门数
    countStu_Failed_Excellent();
    break;
case 6:      //按学生平均分的高低排序,先执行第 3 项,计算总分和平均分
    sort_By_Average(0);   //flag=0
    break;
case 7:      //计算每门课程的平均分和不及格率
    calculateCourse_Average_Failrate();
    break;
case 8:      //输出每门课程的最高分和最低分
    score_Highest_Lowest(1);      //flag=1
    break;
case 9:      //按每门课程平均分的高低排序
    sort_By_Average(1);   //flag=1
    break;
```

```
        case 10:        //退出
            ;
        }
    }while(options! =10);
    system("cls");
}
```

2. 操作步骤

（1）新建工作组

打开 Visual C++ 6.0,选择 File 菜单 New 选项,在 New 对话框中选择 Workspaces,设置工作目录为 D:\,输入工作组名称 StudentScoreMIS_3_2,如图 3－4 所示,单击 OK,就建好了一个空的工作组。

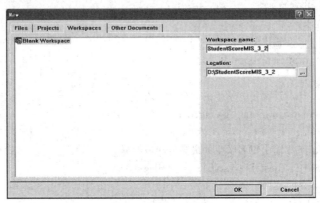

图 3－4　新建对话框

（2）新建项目

选择 File 菜单 New 选项,在 New 对话框中选择 Projects,在左侧窗口中选择 Win32 Console Application,在右侧选中 Add to current workspace 选项,输入项目名称StudentScoreMIS_3_2,如图 3－5 所示。

单击 OK 后,如图 3－6 所示,选择 An empty project,单击 Finish 按钮,在出现的对话框中,如图 3－7 所示,单击 OK,就

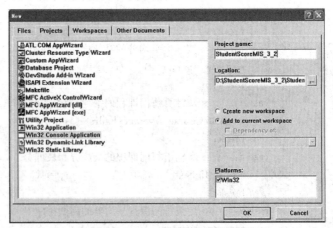

图 3－5　新建项目对话框

建好了。

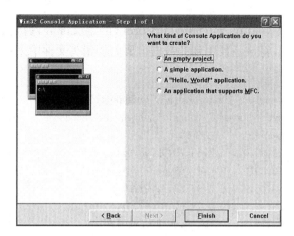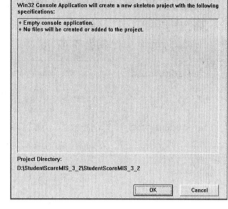

图 3-6　创建一个空项目　　　　　　　图 3-7　新项目信息

（3）新建源程序

选择 File 菜单 New 选项，在 New 对话框中选择 Files，左侧选择C++ Source File，右侧选中 Add to project，输入源程序名 StudentScore_3_2，如图 3-8 所示，单击 OK，就进入源代码编辑窗口。

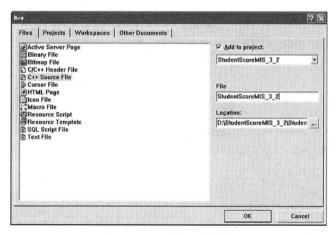

图 3-8　新建文件对话框

将函数模块的代码，全部复制到当前窗口，下面将函数修改成头文件。

（4）新建头文件

学生成绩管理系统中的第二选项"输出学生成绩"，将函数 void outputStudentScore() 放在头文件中，选择 File 菜单 New 选项，在 New 对话框中选择 Files，在窗口左侧选择 C/

C++ Header File,右侧输入头文件名 outputStudentScore,单击 OK,就建了一个空的头文件。

编辑头文件,第一:将原来系统中的函数 void outputStudentScore()的定义部分,剪切到头文件中;第二:根据函数与数据的关系图,将该函数用到的数据也要剪切到头文件中来;第三:保存头文件。代码如下所示。

```cpp
char studentname[10][15]={"zhanglili","chenjunwei","fanweiyong","tangjinquan",
                          "pengtianyi","liuhao","wuling","sunpeipei","shenhaiyan",
                          "tangxueyan"};
int studentscore[10][7]={  {0,1,78,56,98,90,0},{0,2,65,78,92,98,0},
                           {0,3,34,87,89,80,0},{0,4,77,88,65,77,0},
                           {0,5,56,66,43,66,0},{0,6,67,87,77,98,0},
                           {0,7,87,67,35,97,0},{0,8,78,67,87,60,0},
                           {0,9,67,76,88,72,0},{0,10,80,96,79,58,0},
                           };
//二维数组学生成绩是10行7列,第0列用来排名次,第1列存放学号,
//第2,3,4,5列存放4门课程的成绩,第6列存放总分,初始化时为0
void outputStudentScore()   //case 2:输出学生的成绩
{
    system("cls");
    cout<<endl;
    cout<<setw(5)<<"学号"<<setw(12)<<"姓名"
        <<setw(8)<<"数学"<<setw(8)<<"语文"
        <<setw(8)<<"英语"<<setw(8)<<"C++"<<endl;
    cout<<"---------------------------"<<endl;
    for(int i=0;i<10;i++)
    {
        cout<<setw(5)<<studentscore[i][1];
        cout<<setw(12)<<studentname[i];
        cout<<setw(8)<<studentscore[i][2]
            <<setw(8)<<studentscore[i][3]
            <<setw(8)<<studentscore[i][4]
            <<setw(8)<<studentscore[i][5]<<endl;
    }
    cout<<"---------------------------"<<endl;
    getchar();
}
```

类似的,将所有的其他头文件都建好,就会在工作组中看到,如图 3-9 所示。

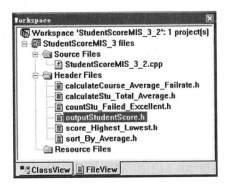

图 3 - 9　工作组的文件视图

　　将这些头文件包括在源程序中,将下面的包含文件语句写在程序框架内,就可以运行程序了。

```
#include"outputStudentScore. h"        //void outputStudentScore()
                                        //输出学生的各门课成绩
#include"calculateStu_Total_Average. h"  //void calculateStu_Total_Average()
                                        //计算每名学生的总分和平均分
#include"score_Highest_Lowest. h"  //void score_Highest_Lowest(int flag);
                            //case 4:case 8:求二维数组的最大值和最小值,
                            //flag=0:求每行的最高分和最低分;
                            //flag=1:求每列的最高分和最低分;
#include"countStu_Failed_Excellent. h"   //void countStu_Failed_Excellent()
                            //case 5:统计每名学生的不及格课程门数和优秀课程门数
#include"sort_By_Average. h"   //void sort_By_Average(int flag);
                            //case 6:case 9:排序
                            //flag=0:按学生平均分的高低排序;
                            //flag=1:按课程平均分排序
#include"calculateCourse_Average_Failrate. h"
                            //void calculateCourse_Average_Failrate();
                            //case 7:计算每门课程的平均分和不及格率
```

第四单元

实验7 指 针

7.1 实验目的和要求

(1) 掌握指针、指针变量、指针常量的基本概念；
(2) 掌握指针与数组、指针与函数的关系及应用；
(3) 初步掌握引用的概念及简单应用。

7.2 相关知识点

7.2.1 指针

(1) 概念:用来存放其他变量的地址的变量称为指针。

(2) 定义格式:数据类型   *指针名

(3) 运算:指针加或减一个整数,结果仍是指针。比如:指针加1就指向下一个数据的位置;指针减1就指向上一个数据。而两个指针相减的结果是整数,表示两个指针所指地址之间的数据个数。两个指针量相加、相乘、相除则没有意义。

7.2.2 指针与一维数组

(1) 数组名代表元素的首地址,是指针常量,不能修改这个指针的指向,可以将数组名赋给其他指针变量。

(2) 数组元素的几种等价引用形式

指针也可当作数组名使用,假如有数组 a 和指针 p,且 p＝a;则有 a[i]、*(a+i)、p[i]、*(p+i)四种形式等价,均是对 a[i]元素的引用。

7.2.3 指针与二维数组

假设二维数组的定义为"int a[2][3];",C++语言将二维数组看作一维数组,其每个数组元素又是一个一维数组,所以有下列关系:

数组名 a 代表二维数组的首地址,即第 0 行的地址,a+1 代表第 1 行的地址。另外,a[0]和 a[1]可分别看作是第 0 行、第 1 行数组(一维)的数组名,则每个元素的地址如图

4-1 所示。

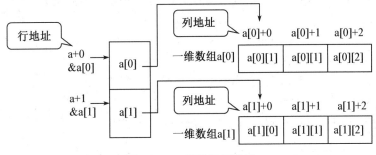

图 4-1 二维数组示意图

图中左半部是将二维数组 a 看作一维数组,有 a[0]和 a[1]两个元素,a+0,a+1 分别指向每个元素,通常称为行地址。图中右半部表示 a[0]、a[1]分别是一维数组,a[0]+0 表示 a[0][0]的地址,其他类推,这种地址通常称为列地址;在该图中:

a＝a+0＝&a[0],三者意义相同,表示第 0 行的首地址(行地址)。

＊a＝＊(a+0)＝a[0]＝a[0]+0＝&a[0][0],五种形式意义相同,表示第 0 行第 0 列元素的地址(列地址)。

而上述八种形式的值均相等,为 a[0][0]元素的地址值。但意义不同,以此类推,可总结如下:

---

a:数组名,代表第 0 行的地址

a+i:代表第 i 行的地址(行地址)

＊(a+i):即 a[i]代表第 i 行第 0 列的地址(列地址)

＊(a+i)+j:即 a[i]+j 代表第 i 行第 j 列的地址

＊(＊(a+i)+j):即 a[i][j]代表第 i 行第 j 列的元素

7.2.4 字符指针变量与字符数组的区别

1. 定义方法不同

char ＊ptr;

char str[10];

2. 赋值方法和含义不同

字符数组:

char str[10];

str="china";　　//错误,字符数组不允许直接赋值(str 是数组名,地址常量)

strcpy(str,"china");　　//正确

字符指针:

char ＊ptr;

ptr="china"; //正确,ptr 是指针变量,赋值后 ptr 指向字符串的首字符

3. 初始化含义不同

char ＊pstr="china"; 等价于

char ＊pstr; pstr="china";

而 char str[14]="china"; 不等价于

　　char str[14];str[]="china";//错误

很多问题可以用字符数组解决,也可以用字符指针解决。

7.2.5 值传递和引用传递

函数的参数传递指的是形参与实参结合的过程。在C++中有两种参数传递方式,值传递和引用传递。

1. 值传递

将实参的值复制给形参,在函数中参加运算的是形参,而实参不会发生任何改变。传值调用起了一种隔离作用。

2. 引用传递

在这种方式中,形参和实参对应同一块内存单元,对形参所作的任何更改会影响主函数中的实参。

7.2.6 数组作为函数参数

1. 数组元素作为函数参数

数组元素作为函数参数时,每个数组元素实际上代表内存中的一个存储单元,因此和普通变量一样,对应的形参必须是类型相同的变量。

2. 数组作为函数参数

此时实参向形参传送数组的首地址,使得形参数组的地址和实参数组地址相同,即两个数组占用同一内存空间。要注意对形参数组元素的改变也会影响到实参数组的相应元素。另外,数组元素的个数经常作为参数进行传递。

 7.3 实验内容

【基础题】

(1) 指针变量的自加、自减、加 n 和减 n 运算。假设数组 a 的首地址为 1000。分析下列程序的结果并验证。

```
# include <iostream. h>
void main( )
{
    int   a[5]={0,1,2,3,4};
    int   * p;
    p=&a[0];           //p 指向 a[0],p=1000
    p++;               //p 指向下一个元素 a[1],p=1004
    cout<< * p<<'\t';  //输出 a[1]的内容 1。
    p=p+3;             //p 指向下 3 个元素 a[4],p=1016
    cout<< * p<<'\t';  //输出 a[4]的内容 4。
    p--;               //p 指向上一个元素 a[3],p=1012
    cout<< * p<<'\t';  //输出 a[3]的内容 3。
    p=p-3;             //p 指向上 3 个元素 a[0],p=1000
    cout<< * p<<'\t';  //输出 a[0]的内容 0。
}
```

(2) 编程实现两数的交换。

分析:这是一类非常典型的题目。编写函数实现交换功能,分别有值传递和引用传递两种方式。下面是几种正确的形式。

方法 1:

```
void main()
{
  int a, b;
  a=15;
  b=8;
  swap( &a, &b ); //值传递,这个值比较特殊,是地址值
  cout<<a<<","<b;
}
void swap(int * x,int * y)
{
    int temp;
    temp= * x;
    * x= * y;
    * y=temp;
}
```

方法 2:

```
void main()
{
  int a, b;
```

```
    a=15;
    b=8;
    swap( a, b );
    cout<<a<<","<b;
}
void swap(int &x,int &y)    //引用传递,x和y分别是实参a,b的引用(别名),对 x、y 操作相当
                           //于对 a、b 操作,可实现交换
{
    int temp;
    temp=x;
    x=y;
    y=temp;
}
```

方法 3：

```
void main()
{
    int a, b;
    int * p1=&a, * p2=&b;
    a=15;
    b=8;
    swap( p1, p2 ); //值传递,这个值是指针
    cout<<a<<","<b;
}
void swap(int * x,int * y) //这里的指针 x 和 y 分别指向主调函数中的 a、b
{
    int temp;
    temp= * x;
    * x= * y;
    * y=temp;
}
```

（3）编写一个函数，计算一维数组中的最大元素及其下标，要求数组以指针方式传递。

分析：此题要求数组以指针方式进行传递，因此将数组的起始地址与存放最大值下标的单元由指针形式的参数传递，而数组中最大值元素的地址则由函数返回值进行返回。参考程序如下：

```
# include<iostream. h>
int max;
int * findmax(int * p,int n,int * t)    //形参有两个为指针形式,p指向数组起始地址,t指向存放
                                        //最大下标的单元
{
```

```
        int i;
        max= * p;
        for(i=1;i<n;i++)
            if(max< * (p+i))
            {
                max= * (p+i);
                * t=i;   //取得最大值下标
            }
            return (&max); //返回最大值元素的地址
    }
    void main()
    {
        int a[]={2,3,18,29,5,44,77,23,1,6},n=10,t=0;
        cout<<"最大值:"<< * findmax(a,n,&t)<<"   ";
        cout<<"下标为:"<<t<<endl;
    }
```

(4) 从键盘输入一个字符串 title,然后从中查找指定字符 ch(ch 也由键盘输入)。若 title 中存在 ch,则返回 ch 在 title 中第一次出现的位置;否则,显示"查找不到!"提示信息。

分析:查找时可用字符 ch 与字符串 title 中每个字符依次比较,若匹配成功可返回当前字符的指针 p,则 ch 在 title 中第一次出现的位置可由 p-title 得到(指向同一数组的指针相减结果是两者之间的元素个数)。否则显示"查找不到!"。参考程序如下:

```
#include<iostream. h>
char * strchr( char * string,int letter)
{
    while(( * string! =letter)&&( * string)) string++; //找到第一个匹配的字母时或者直到最后
                                                      //也未匹配成功时退出循环
        return string;
}
void main()
{
    int tt=1;
    while(tt)
    {
    char title[64];
    cout<<"请输入一字符串:";
    cin>>title;
    char * p;
```

```
cout<<"请输入你想查找的字符：";
char ch;
cin>>ch;
p=strchr(title,ch);
if( * p) cout<<"所查字符在字符串中第一次出现的位置为："<<p-title<<endl;
else cout<<"查找不到!"<<endl;
cout<<"do you continue?    1-- continue,0-- exit"<<endl;
cin>>tt;
}
}
```

（5）5 个字符串"Pascal","Basic","Fortran","Java"和"Visual C",将其按字典顺序排序并输出。分别采用二维数组和指针数组方法实现。

方法 1：使用二维数组

```
#include<iostream. h>
#include<string. h>
#define N 5
void main()
{
char   str[N][10]={"Pascal","Basic","Fortran", "Java","Visual C"};
char temp[10];
int i,j;
for (i=0; i<N-1; i++) //选择法排序
{
     for (j=i+1; j<N; j++)
     {
          if (strcmp(str[j], str[i])<0)
          {
          strcpy(temp,str[i]);
          strcpy(str[i],str[j]);
          strcpy(str[j],temp);
          }
     }
}
cout<<"排序后的字符串为:"<<endl;
for(i=0;i<=N-1;i++)
cout<<str[i]<<endl;
}
```

排序前后如图 4-2 所示。

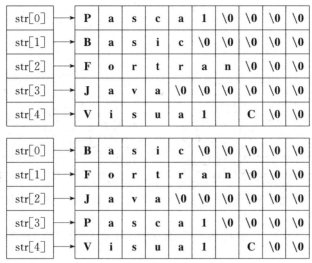

图 4-2 排序示意图

方法 2:使用指针数组

```cpp
#include<iostream. h>
#include<string. h>
#define N 5
void main()
{char * ptr[N]={"Pascal","Basic","Fortran","Java","Visual C"};
char * temp;
int i,j;
for (i=0; i<N-1; i++)
{
        for (j=i+1; j<N; j++)
        {
              if (strcmp(ptr[j], ptr[i])<0)
              {
              temp=ptr[i];              //此处交换的是指针
              ptr[i]=ptr[j];
              ptr[j]=temp;
              }
        }
}
cout<<"排序后的字符串为:"<<endl;
```

```
for(i=0;i<=N-1;i++)
cout<<ptr[i]<<endl;
}
```

排序前后如图 4-3、图 4-4 所示。

图 4-3　排序前示意图　　　　　　　　图 4-4　排序后的示意图

（6）编制程序，实现两个字符串变量的交换，要求完成交换功能的函数形参是引用形式。

分析：两个字符串变量分别用字符数组存放，调用语句中的实参为数组名或者指针，被调函数的形参声明为引用形式，引用可以理解为实参的一个别名，在被调函数中交换形参指针的指向，这种交换也会影响到主调函数中的实参，即完成了字符串变量的交换。参考程序如下：

```
#include <iostream.h>
#include <stdio.h>
void swap(char * &pp1,char * &pp2);
void main()
{ char str1[50],str2[50];char * p1, * p2;
cout<<"请输入字符串 1:"<<endl;
gets(str1);
cout<<"请输入字符串 2:"<<endl;
gets(str2);
p1=str1;
p2=str2;
swap(p1,p2);
cout<<"交换后的字符串为:"<<endl;
cout<<p1<<endl;
cout<<p2<<endl;
}
void swap(char * &pp1,char * &pp2) //形参是指针的引用形式
```

```
{char * temp;
  temp=pp1;
  pp1=pp2;
  pp2=temp;
}
```

(7) 使用指向指针的指针依次输出字符串"how"、"are"、"you"。

分析：指向指针的指针变量即二级指针，其所指向的变量仍是一个指针。指向指针的指针多使用在二维数组和字符数组处理过程。

```
#include <iostream. h>
char * name[]={"how","are","you"};
void main()
{
    char ** p=name;
    for(int i=0;i<3;i++)
        cout<< * (p+i)<<endl;
}
```

【提高题】

(8) 用指针变量编写下列字符串处理函数，并在主函数中进行测试。

① 字符串拼接函数 Strcat；

② 字符串比较函数 Strcmp；

③ 取字符串长度函数 Strlen。

分析：用指针变量指向不同的字符串，通过指针的移动可依次引用字符串中每个字符。调用语句中的实参是字符数组名（或者指针），被调函数中的形参为指针变量。参考程序框架如下：

```
char * Strcat(char * p1,char * p2); //三个函数声明
int Strcmp(char * str1,char * str2);
int Strlen(char * p);
void main()
{
   //输入字符串 1 和字符串 2
cout<<Strcmp(str1,str2)<<endl;   //函数调用打印结果
Strcat(str1,str2);
cout<<Strlen(str1)<<endl;
}
char * Strcat(char * p1,char * p2) //字符串拼接函数 Strcat
```

```
{
    //串 p1 的指针后移至\0 处；
    //将 p2 串中字符拷贝过去
    //返回串 p1 的指针
}
int Strlen(char * p)   //取字符串长度函数 Strlen
{
    //若字符为有效字符,长度加 1
    //返回有效长度
}
int Strcmp(char * str1,char * str2)   //字符串比较函数 Strcmp
{
while( * str1== * str2&& * str1! ='\0'&& * str2! ='\0')//若相等,指针后移,直到不等或字
符串结束
    {
        str1++;
        str2++;
    }
    return ( * str1－ * str2);
}
```

（9）用指针与数组作为函数参数,按下面四种情况对数组 float a[10]进行降序排序:

① 函数的实参为数组名,形参为数组。

② 函数的实参为数组名,形参为指针变量。

③ 函数的实参为指针变量,形参为数组。

④ 函数的实参为指针变量,形参为指针变量。

　　分析:数组名或者指针变量都可以作为调用语句中实参和被调函数中的形参,共有上述 4 种形式。可编写两个函数(一个以数组名作为形参,另一个以指针变量作为形参),在主函数中分别调用。排序操作可采用冒泡法或者选择法。参考程序框架如下:

```
#include <iostream. h>
float * seq_array(float b[],int n);//两种形式的函数声明
float * seq_pointer(float * p2,int n);
void main()
{
//输入 10 个数存放在数组中
p＝seq_array(a,10); //第一种形式的函数调用
p＝seq_pointer(a,10); //第二种形式的函数调用
```

```
    q=a; //声明指针变量
    p=seq_array(q,10); //第三种形式的函数调用
    p=seq_pointer(q,10); //第四种形式的函数调用
    //打印结果
    }
    float * seq_array(float b[],int n)//排序函数实现
    {
      //冒泡法或选择法
    }
    float * seq_pointer(float * p2,int n) //排序函数实现
    {
      //冒泡法或选择法
    }
```

【综合题】

(10) 从键盘输入两个字符串 str1 和 str2,然后判断 str1 中是否存在 str2,若存在,则从 str1 中删除 str2 子串,并输出删除子串后的 str1 串。

例如： str1="I am a Student!"

str2="am"

删除后： str1="I a Student!"

提示：

① 主函数中输入两个字符串、调用函数并输出结果;

② 将 str2 中每个字符与 str1 进行匹配,直到 str2 结束(遇到结束符\0),保存当前 str1 字符串相应字符的下标 loc;

③ 将字符串 str1 从下标 loc 起,依次左移,直到 str1 结束(遇到结束符\0)。

(11) 分别用指针和数组方法编写程序完成如下功能:将 n 个整数循环右移 m 位,即把这 n 个数顺序向右移 m 位,最后 m 个数变成最前面 m 个数,例如,10 个数"1 2 3 4 5 6 7 8 9 10"循环右移 4 位变成"7 8 9 10 1 2 3 4 5 6"。

提示:循环右移 m 位要执行 m 次循环,每一次循环将 n 个数组元素值向右移动 1 位,右端移出的数据再放回到数组的左端,具体操作步骤可分为三步:

① 将右端元素 a[n-1]的值,即 *(p+n-1)保存到临时变量 temp 中;

② 从右端第 2 个元素 a[n-2],即 *(p+n-2)开始直到左端元素 a[0]依次右移 1 位;

③ 将保存在 temp 中的 a[n-1]的值放回到左端 a[0]中。

实验 8　结构体与链表

8.1　实验目的和要求

(1) 掌握结构体类型、结构体变量的基本概念;

(2) 掌握结构体指针、结构体数组的应用;

(3) 掌握链表的基本概念;

(4) 掌握链表的基本操作与应用,包括建立链表、遍历链表、插入结点、删除结点、查找结点等。

8.2　相关知识点

8.2.1　结构

(1) 结构是一种复合数据类型,结构体类型定义时可以嵌套,即结构体的某个成员也可以是结构体类型。

(2) 结构类型定义格式:

```
struct 结构类型名
{数据类型　成员名1;
数据类型　成员名2;
……
数据类型　成员名n;
};
```

注意:成员的数据类型可以是其他结构类型,但不能是当前正在定义的类型;若是指针成员则可声明成当前类型。如:若有结构类型 date 的定义:

struct date

{int year,month,day;};

可分析结构类型 people 的定义形式:

struct people

{

　char name[10];

　struct date Date; //正确,可嵌套其他结构类型

}

struct people

{ char name[10]；

struct people p1；//错误,类型不能是本身

}

struct people

{ char name[10]；

struct people ＊p；//正确,可以声明指针变量的类型为本身

}

(3) 结构变量定义格式

① 间接定义

首先定义结构类型,后声明该类型的变量。如:

struct std　//类型定义

{　char no[10]；

　　char name[10]；

　　int age；

};//分号不可少

struct std student1；//变量定义

② 直接定义

即在定义结构类型的同时定义结构变量,格式如下:

struct 结构类型名

　　　　{

　　　　成员列表

　　　　}变量名列表；

在该形式中,结构类型名可省略。如:

struct std　　//此处 std 可省略

{　char no[10]；

　　char name[10]；

　　int age；

} student1；

(4) 结构变量的初始化

结构变量初始化的格式,与一维数组相似:结构变量＝{初值表}

如:student1＝{"000102"，"张三"，20}

(5) 访问结构变量成员的三种形式:

① 结构变量名. 成员名；

② 指向结构变量的指针名－＞成员名；

③（＊ 指向结构变量的指针名). 成员名；

如：struct std ＊p＝&student1；访问成员 age 时可使用下面三种形式：

student1. age；

p－＞age；

（＊p). age；

（6）结构数组

① 结构数组的每一个元素，都是结构类型数据，均包含结构类型的所有成员。

如：struct   std   student[3]＝{ {"000102"，"张三"，20}，

　　　　　　　　　　　　{"000105"，"李四"，21}，

　　　　　　　　　　　　{"000112"，"王五"，22} }；

② 使用指向结构数组的指针来访问结构数组。

struct   std   ＊p＝student；//声明指针 p，指向结构数组 student 的首元素

　　　　　　　　　　　//student[0]

for(；i<3；i++，p++) //通过循环依次访问数组每个元素的所有成员

　{ cout<<p－＞no<<endl；

　　cout<<p－＞name<<endl；

　　cout<<p－＞age；

}

注意：p++指向结构数组的下个元素，而非当前元素的下个成员。

8.2.2   链表

链表的组成是一个个有序的结点，每个结点是同类型的结构变量，结构变量一般由数据域和指针域两部分组成。

注意：若是创建静态链表，不必去关心内存的分配与释放，但需要事先知道链表结点的个数。若是创建动态链表，链表的长度可动态变化，但必须由程序员来进行内存的分配与释放。

8.2.3   链表操作

（1）创建链表

① 创建静态链表

② 创建动态链表

（2）访问链表

可定义指针 p，让其依次指向链表中的不同元素，从而输出各元素所有成员的值。

（3）删除链表结点

（4）插入链表结点

（5）链表的释放

① 对于静态链表，它们所占用的内存空间是由系统自动来分配和释放的；

② 对于动态链表，必须由程序员自己来进行内存的分配与释放。

8.2.4 数组、结构和链表

（1）数组是一组相同类型的数据的集合，在内存中连续存放。

（2）结构是一组类型可不同的数据的集合，一个结构变量的各个成员在内存中也是连续存放的。

（3）结构数组是一组结构数据的集合，也具有数组的各种性质，如连续存储。

（4）若将多个结构变量不组成数组结构，不用一个连续的内存块。这时可使用链表，此时每一个结构变量动态分配内存单元，通过指针把它们联系在一起。

 ## 8.3 实验内容

【基础题】

（1）编写程序完成一名职工的姓名、出生年月、奖惩、基本工资的初始化。从键盘输入奖金金额，输出对应职工的姓名、年龄、领取金额等信息。

分析：姓名、出生年月、奖惩、基本工资为不同的数据类型，组成一个有机整体，可以用结构体进行处理，其中出生年月也用结构体来定义。

参考程序如下：

```
#include<iostream.h>
struct Date
{
    int year;
    int month;
};
struct Person
{
    char    name[20];
    Date    birth;
    char    award[20];
    float   money;
    float   salary;
```

```
}p={"张三",{1966,10},"五一劳动奖章",896,0};
void main()
{
    float num;
    cout<<p. name<<","<<p. award;
    cout<<",基本工资:"<<p. money<<endl<<"请输入奖金金额:";
    cin>>num;
    p. salary=p. money+num;
    cout<<p. name <<",年龄"<<2010- p. birth. year;
    cout<<",应领"<<p. salary<<"元"<<endl;
}
```

（2）定义一个学生成绩结构体类型，包含"学号"、"姓名"、"性别"、"年龄"、"班级"、"英"、"数学"、"物理"、"总分"、"名次"等信息。编写 6 个函数分别用于：

① 使用结构体数组，输入全班 10 名学生的上述信息；

② 计算每一个学生的总分、平均分；

③ 计算每一门课程的平均分；

④ 查找成绩有不及格的学生信息；

⑤ 按学生成绩总分降序排序；

⑥ 输出全班学生的学号、总分及名次。

分析：使用结构数组存放学生的信息，6 个函数分别完成上述功能，主函数中调用并测试。函数实参和形参可均为数组名形式，参考程序如下：

```
#include <iostream. h>
#include <stdio. h>
#define NUMBER 3

struct stu_score
{char num[10];
 char name[6];
 char sex[2];
 int age;
 char classes[4];
 float english;
 float math;
 float physics;
 float sum;
 float avg;
 int mingci;
```

```cpp
};
void putinfor(stu_score score[]);
void sum_avg(struct stu_score score[]);
void course_avg(struct stu_score score[]);
void findstu(struct stu_score score[]);
void sequence(struct stu_score score[]);
void display(struct stu_score score[]);

void main()
{ struct stu_score stu[NUMBER];
  putinfor(stu);
  sum_avg(stu);
  course_avg(stu);
  findstu(stu);
  sequence(stu);
  display(stu);
}
  void putinfor(stu_score score[])
{
  for(int i=0;i<NUMBER;i++)
{cout<<"请输入第"<<i+1<<"个学生的学号:"<<endl;
 gets(score[i].num);
  cout<<"请输入第"<<i+1<<"个学生的姓名:"<<endl;
 gets(score[i].name);
  cout<<"请输入第"<<i+1<<"个学生的性别:"<<endl;
 gets(score[i].sex);
  cout<<"请输入第"<<i+1<<"个学生的年龄:"<<endl;
 cin>>score[i].age;
  cout<<"请输入第"<<i+1<<"个学生的班级:"<<endl;
 gets(score[i].classes);
  cout<<"请输入第"<<i+1<<"个学生的英语成绩:"<<endl;
 cin>>score[i].english;
  cout<<"请输入第"<<i+1<<"个学生的数学成绩:"<<endl;
 cin>>score[i].math;
  cout<<"请输入第"<<i+1<<"个学生的物理成绩:"<<endl;
 cin>>score[i].physics;
}
}
```

```
void sum_avg(struct stu_score score[])
{for(int i=0;i<NUMBER;i++)
{score[i]. sum=score[i]. english+score[i]. math+score[i]. physics;
 score[i]. avg=score[i]. sum/3;
}
}
void course_avg(struct stu_score score[])
{float eng_avg,math_avg,phy_avg;
float eng_sum=0,math_sum=0,phy_sum=0;
 for(int i=0;i<NUMBER;i++)
{eng_sum=eng_sum+score[i]. english;
math_sum=math_sum+score[i]. math;
phy_sum=phy_sum+score[i]. physics;
}
eng_avg=eng_sum/NUMBER;
math_avg=math_sum/NUMBER;
phy_avg=phy_sum/NUMBER;
cout<<"英语的平均分为:"<<eng_avg<<endl;
cout<<"数学的平均分为:"<<math_avg<<endl;
cout<<"物理的平均分为:"<<phy_avg<<endl;
}

void findstu(struct stu_score score[])
{
for(int i=0;i<NUMBER;i++)
 if(score[i]. english<60||score[i]. math<60||score[i]. physics<60)
 cout<<"第"<<i+1<<"个学生有不及格课程,其学号和姓名为:"<<score[i]. num<<"
"<<score[i]. name<<endl;
}

void sequence(struct stu_score score[])
{struct stu_score temp;
  for(int i=0;i<NUMBER-1;i++)
    for(int j=i+1;j<NUMBER;j++)
      if(score[i]. sum<score[j]. sum)
      {temp=score[i];
       score[i]=score[j];
       score[j]=temp;
```

```
        }

        for(i=0;i<NUMBER;i++)
            score[i].mingci=i+1;

}
void display(struct stu_score score[])
{   cout<<"全班的信息如下:"<<endl;
        for(int i=0;i<NUMBER;i++)
            cout<<score[i].num<<"    "<<score[i].sum<<"    "<<score[i].mingci<<endl;
}
```

（3）我们考虑如下事件:在铁路的中转站,有 10 个集装箱待运。每个集装箱上有如下五项说明:

- 箱号　　　　　（比如 AZ88920）
- 货物名称　　　（比如 香蕉）
- 重量　　　　　（比如 5 吨）
- 发货地点　　　（比如 山东）
- 到货地点　　　（比如 湖南）

编写程序,实现下列链表的基本操作:

① 创建静态链表和动态链表

② 访问链表

③ 删除链表结点

④ 插入链表结点

⑤ 释放链表

分析:

① 创建链表

➤ 创建静态链表

定义一个结构体数组,有 10 个元素,每个元素都是结构类型的变量,然后用它们作为链表的结点,把它们连接成一个链表的形式。核心程序如下:

```
struct      Train
{
            char Num[8];        //集装箱编号
            char Name[10];      //货物名称
            int Weight;         //货物重量
            char From[20];      //发货地点
```

```
        char To[20];                //到货地点
        struct Train  * next；  //指向下一结点
}array[10]，  * head；
void   Create( )  //该函数创建静态链表
{
        int  i；
        head＝&array[0]；        //链表的头指针
        for(i＝0；i<10；i++)
        {
                输入 array[i]的各个成员变量的值；
                if(i<9)   array[i]. next＝&array[i+1]；
                else        array[i]. next＝NULL；
        }
}
```

创建完后，如图 4-5 所示：内存中分配了一段连续空间，分别存放 array[0]～array[9]，且各元素间通过指针建立了联系，构成链表。此时链表的各个结点的逻辑次序和物理次序一致。

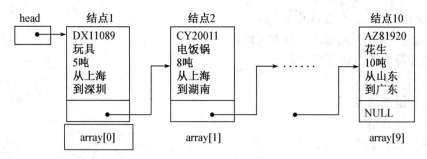

图 4-5　链表示意图

> 创建动态链表

若有如下要求：创建一个链表，并输入每一个结点的各种描述信息（集装箱编号、货物名称、货物、重量、发货地点、到货地点），直到用户输入的货物重量等于 0，表示链表结束。

若输入的货物重量不为 0，则分配一个结构变量大小的内存空间存放结点，直到输入的重量为 0，可见内存空间是按需分配，且链表长度是动态增长的，要创建动态链表。核心程序如下：

```
struct   Train
{
        char Num[8]；             //集装箱编号
```

```
            char Name[10];          //货物名称
            int   Weight;           //货物重量
            char From[20];          //发货地点
            char To[20];            //到货地点
            struct Train  * next;   //指向下一结点
};
struct  Train  * head，* p，* q;
void   Create( )
{
        int   Weight;
        head=p=q=NULL;
        while( 1 )
        {
                cout<<"输入货物重量:";
                cin>>Weight;
                if(Weight<=0)  break;
                p=(struct Train * )malloc(sizeof(struct Train));//动态申请结点空间
                p->Weight=Weight;
                输入该结点的其他信息;
                if (head==NULL)  head=p;        //新建的是首结点
                else    q->next=p;              //不是首结点
                q=p;                            //q指向当前尾结点
        }
        if (head! =NULL)    q->next=NULL;
}
```

② 访问链表

可定义指针 p，让其依次指向链表中的不同元素，从而输出各元素所有成员的值。

```
void   Display( )
{
    struct   Train * p;
    p=head;
    while(p! =NULL)
    {
            cout<<p->Num<<endl;
            cout<<p->Name<<endl;
            cout<<p->Weight<<endl;
            cout<<p->From<<endl;
```

```
            cout<<p->To<<endl;
            p=p->next;
        }
}
```

③ 删除链表结点

假设列车现在到达武汉站,因此需要把到货地点为湖北的车厢(假设有且仅有一节),从列车上摘下来,然后列车继续向南行驶。这就需要用到链表结点的删除。

```
void    Delete( )
{
        struct   Train   * p,    * q;
        if(head==NULL)  { cout<<"空链表";      return; }
        p=head;
        while((p! =NULL)&& strcmp(p->To,  "湖北"))
        {
                q=p;
                p=p->next;      //把指针 p 往后移动一个结点
        }
        if((p! =NULL) &&! strcmp(p->To,  "湖北"))
        {
                if(p==head)
                        head=p->next;      //删除的是首结点
                else
                        q->next=p->next;//删除的是中间结点
        }
}
```

④ 插入链表结点

如图 4-6 所示,若原来链表已排好序,现插入另一结点,插入操作不应破坏原有链接关系;另外,需要插入的这个结点应该把它放在合适的位置上,也就是说,应该有一个插入位置的查找过程。

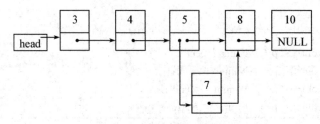

图 4-6 插入链表示意图

参考程序如下：

```
void Insert(struct    Train   * pNode) //pNode 待插入的结点
{
        struct   Train    * p;       //链表当前结点
        struct   Train    * q;       //链表上一结点
            //   第一种情形,链表为空
         if(head==NULL)
           {
                    head=pNode;
                    return;
            }
        //   第二种情形,新结点的 Weight 小于等于首结点
        if(pNode->Weight<=head->Weight)
           {
                    pNode->next=head;
                    head=pNode;
                    return;
            }
        //   第三种情形,循环地查找正确的插入位置
        q=head;
        p=head->next;
        while(p! =NULL)
           {
                    if(pNode->Weight<=p->Weight)
                            break;
                    else
                      {
                            q=p;
                            p=p->next;
                      }
            }
        //   将 pNode 结点插入到正确的位置(q 和 p 之间)
        pNode->next=p;
        q->next=pNode;
}
```

⑤ 链表的释放
➢ 对于静态链表,它们所占用的内存空间是由系统自动来分配和释放的;
➢ 对于动态链表,必须由程序员自己来进行内存的分配与释放。

参考程序：

```
void   Destroy( )
{
        struct   Train   * p，  * q；
        p＝head；
        while(p! ＝NULL)
        {        q＝p；
                 p＝p—＞next；
                 free(q)；
        }
}
head＝NULL；
```

（4）已知 head 指向一个带有头结点的单项链表,链表中每个结点数据包含数据 data 和指向本结构结点的指针。编写函数实现将链表倒置,即原来的最后一个元素变成第一个元素,倒数第二个元素变成第二个元素,其他依次类推。

分析:链表倒置功能的实现要借助辅助指针,可通过两个辅助指针 p、q,让其依次后移,并改变原来链表中每个结点 next 指针的指向,使得原来链表的连接顺序相反。参考程序如下:

```
#include＜iostream. h＞
#include＜stdlib. h＞
struct student
{
    int data；
    struct student * next；
};
struct student * Reverse(student * head)    //倒置函数,返回倒置后链表的头指针
{
 student * p；
 student * q；
 q＝NULL；
  while (head—＞next! ＝NULL)//借助辅助指针 p 和 q,改变结点的逻辑关系
  {
  p＝head—＞next；
  head—＞next＝q；
  q＝head；
  head＝p；
```

```
        }
    p—>next=q;
    q=NULL;
    return p;
    }
void main() //测试主函数
{
        struct student * head, * p, * q;
        head=p=q=NULL;
        cout<<"请输入链表结点信息:"<<endl;
        for(int i=0;i<=4;i++)
    {   p=(struct student * )malloc(sizeof(struct student));
        cin>>p—>data;
        if(head==NULL) head=p;
        else q—>next=p;
        q=p;
    }
        q—>next=NULL;
        cout<<"倒置前链表信息为:"<<endl;
    p=head;
    while(p! =NULL)
    {
        cout<<p—>data<<" ";
        p=p—>next;
    }
    head=Reverse(head);
    cout<<"倒置后链表信息为:"<<endl;
    p=head;
    while(p! =NULL)
    {
        cout<<p—>data<<" ";
        p=p—>next;
    }
    }
```

【提高题】

(5) N 个小孩围坐一个圆圈,从第 1 个小孩开始报数,数到 M 个时,该小孩出圈,请输出最后小孩的编号(采用循环链表方法)。

分析:首先创建包含 N 个结点的链表,且首尾相连构成循环链表。循环 N—1 轮,每轮出圈一人,出圈时模拟实际过程,从第一个小孩开始,计数到 M 时,第 M 个小孩出圈,相当于删除链表结点,直到最后剩余一个小孩,输出编号即可。参考程序框架如下:

```
void main()
{
int   n,m,i,j;
struct   STUDENT //链表结点的结构
{
  int   number;            //表示同学的编号
  struct   STUDENT   * next;  //指向下一位同学
};
//输入 n 值和 m 值
//创建链表
//首尾相连,构造循环链表
for(j=1;j<=n-1;j++) //循环 n-1 轮,每轮出圈一人
{
  for(i=1;i<=m-1;i++) //计数到第 m 个人,退出循环
  {   q=p;
      p=p->next;
  }
  q->next=p->next; //删除第 m 个人(删除结点)
}
 //打印结果
}
```

(6) 已知一个链表含有 10 个结点,每个结点包含姓名和一个指针域。编写函数,实现在姓名为"Jeck"的结点前插入姓名为"Zhanghai"的结点。若没有"Jeck"结点,则将"Zhang-hai"插在链表尾。

分析:主函数中动态创建含有 10 个结点的链表,另外,编写函数 Insert 实现插入的功能。如果值为"Jeck"的结点在第一个,或者原来链表为空,则新的链表的头指针为指向值为"Zhanghai"的结点,因此要返回新的链表的头指针。

参考程序框架如下:

```
#include<iostream. h>
#include<string. h>
#include<stdlib. h>
const int N=10;
struct Node
{ //定义结点(包含姓名和指针)};
```

```
Node * Insert (Node * phead, Node * pn)        //Insert 函数
{
  //如果原来链表为空,则 pn 为第一个结点
  //若第一个结点满足条件,pn 为新的首结点
  //循环向后找,若后面结点中某个满足条件,则将 pn 结点插入其中
  //若到最后没有满足条件的,则将 pn 结点插在链表尾
  //返回新链表头指针
}
void main()       //主函数 main
{
  //创建"Zhanghai"结点
  //动态创建 10 个结点的链表
cout<<"插入前的链表信息为:"<<endl;
//显示原链表信息
head=Insert(head,r); //调用 Insert 函数
cout<<"插入后的链表信息为:"<<endl;
//显示新链表信息
  }
```

【综合题】

（7）编写程序,实现一边读入整数,一边构造一个从大到小的顺序链接的链表,直至从键盘读入回车符,然后顺序输出链表上各结点的整数值。

提示：

① 从主函数每读入一个整数,就调用函数 insert( )；

② 函数 insert( )将还未出现的链表上的整数按照从大到小的顺序插入到链表中。

工程训练 4 学生成绩管理系统(结构体篇)

结构体,是不同数据类型数据的集合。在这一章里,将给出所有的参考代码,与数组部分相比较。

Pro 4.1 定义数据

使用结构体组织数据,编程更方便。特别在排序时,数据的交换,只需将结构体变量进行交换就可以了。

1. 定义结构体

定义学生信息的结构体类型,将学生有关的信息,放在一起;定义课程信息结构体,与课程有关的信息放在一起,如图 4-7 所示。

struct studentInformation		struct studentInformation	
{		{	
int id;	//学号	int id;//学号	
char name[15];	//姓名	char name[15];//姓名	
int math;	//数学	int course[4];//分别存放数学、语文、英	
int chinese;	//语文	//语、C 程序设计	
int english;	//英语	int sum;//总分	
int cPlusPlus;	//C++	double average;//平均分	
int sum;	//总分	int rank;//名次	
double average;	//平均分	int failedcount;//不及格门数	
int rank;	//名次	int excellentcount;//优秀课程门数	
int failedcount;	//不及格门数	int highestScore;//最高分	
int excellentcount;	//优秀课程门数	int lowestScore;//最低分	
int highestScore;	//最高分	};	
int lowestScore;	//最低分		
};			

图 4-7 定义学生结构体两种方法对照

比较一下两者的区别,哪一种形式好?为什么?

第二种形式好,因为成绩用数组表示,可以利用循环进行操作,如求和等。

```
struct courseInformation        //课程信息结构体
{
    char name[10];              //姓名
    int highestScore;           //最高分
    int lowestScore;            //最低分
    int sum;                    //总分
    double average;             //平均分
    double failureRate;         //不及格率
    int rank;                   //名次
};
```

2. 定义变量

定义结构体数组并初始化,包括 10 名学生的信息,定义了学号、姓名和四门课的成绩,其他暂时都定义为 0,在程序的执行过程中再赋值。

```
studentInformation student[10]={
                            {1,"zhanglili",67,89,73,56,0,0,0,0,0,0,0},
                            {2,"chenjunwei",89,65,73,90,0,0,0,0,0,0,0},
                            {3,"fanweiyong",78,56,87,90,0,0,0,0,0,0,0},
                            {4,"tangjinquan",68,87,35,59,0,0,0,0,0,0,0},
                            {5,"pengtianyi",56,87,38,80,0,0,0,0,0,0,0},
                            {6,"liuhao",83,49,76,90,0,0,0,0,0,0,0},
                            {7,"wuling",54,67,65,87,0,0,0,0,0,0,0},
                            {8,"sunpeipei",93,74,48,78,0,0,0,0,0,0,0},
                            {9,"shenhaiyan",67,87,67,89,0,0,0,0,0,0,0},
                            {10,"tangxueyan",45,56,78,98,0,0,0,0,0,0,0}
                            };

courseInformation course[4]={
                            {"math",0,0,0,0,0,0},
                            {"chinese",0,0,0,0,0,0},
                            {"english",0,0,0,0,0,0},
                            {"c++",0,0,0,0,0,0}
                            };
```

Pro 4.2　编写代码

1. 输出函数

正确地输出结构体的各个成员。

```
void outputStudentScore()     //case 2：输出学生的成绩
{
    system("cls");
    cout<<endl;
    cout<<setw(5)<<"学号"<<setw(12)<<"姓名"
        <<setw(8)<<"数学"<<setw(8)<<"语文"
        <<setw(8)<<"英语"<<setw(8)<<"C++"<<endl;
    cout<<"----------------------------"<<endl;
    for(int i=0;i<10;i++)
    {
        cout<<setw(5)<<student[i].id;
        cout<<setw(12)<<student[i].name;
        for(int j=0;j<4;j++)
            cout<<setw(8)<<student[i].course[j];
        cout<<endl;
    }
    cout<<"----------------------------"<<endl;
    getchar();
}
```

2. 计算每名学生的总分和平均分

直接将计算结果赋值给各个结构体成员变量。不需额外定义变量。

```
void calculateStu_Total_Average()      //case 3：计算每名学生的总分和平均分
{
    system("cls");
    int i,j;
    for(i=0;i<10;i++)
    {
        for(j=0;j<4;j++)
        {
            student[i].sum+=student[i].course[j];
        }
        student[i].average=student[i].sum/4.0;
    }
    cout<<endl;
    cout<<setw(5)<<"学号"<<setw(12)<<"姓名"
        <<setw(8)<<"数学"<<setw(8)<<"语文"
```

```
                <<setw(8)<<"英语"<<setw(8)<<"C++"<<setw(8)<<"总分"<<setw(8)<
<<"平均分"<<endl;
        cout<<"----------------------------"<<endl;
        for(i=0;i<10;i++)
        {
            cout<<setw(5)<<student[i].id;
            cout<<setw(12)<<student[i].name;
            for(j=0;j<4;j++)
                cout<<setw(8)<<student[i].course[j];
            cout<<setw(8)<<student[i].sum
                <<setw(8)<<student[i].average<<endl;
        }
        cout<<"----------------------------"<<endl;
        getchar();
    }
```

3. 最高分和最低分

```
void score_Highest_Lowest(int flag)  //case 4;case 8:求二维数组的最大值和最小值,
//flag=0:求每行的最高分和最低分;flag=1:求每列的最高分和最低分;
{
    system("cls");
    cout<<endl;
    int i,j;
    if(flag==0)
    {
        cout<<setw(5)<<"学号"<<setw(12)<<"姓名"
            <<setw(8)<<"数学"<<setw(8)<<"语文"
            <<setw(8)<<"英语"<<setw(8)<<"C++"
            <<setw(8)<<"最高分"<<setw(8)<<"最低分"<<endl;
        cout<<"----------------------------"<<endl;

        for(i=0;i<10;i++)
        {
            //求最高分和最低分
            student[i].highestScore=student[i].course[0];
            student[i].lowestScore=student[i].course[0];
            for(j=1;j<4;j++)
            {
```

```
                if(student[i]. highestScore<student[i]. course[j])
                        student[i]. highestScore=student[i]. course[j];
                if(student[i]. lowestScore>student[i]. course[j])
                        student[i]. lowestScore=student[i]. course[j];
            }

            cout<<setw(5)<<student[i]. id;
            cout<<setw(12)<<student[i]. name;
            for(j=0;j<4;j++)
            {
                    cout<<setw(8)<<student[i]. course[j];
            }
            cout<<setw(8)<<student[i]. highestScore
                <<setw(8)<<student[i]. lowestScore<<endl;
        }
        cout<<"----------------------------"<<endl;
    }
    else if(flag==1)
    {
        //求最高分和最低分
        for(j=0;j<4;j++)
        {
            course[j]. highestScore=student[0]. course[j];
            course[j]. lowestScore=student[0]. course[j];
            for(i=1;i<10;i++)
            {
                    if(course[j]. highestScore<student[i]. course[j])
                        course[j]. highestScore=student[i]. course[j];
                    if(course[j]. lowestScore>student[i]. course[j])
                        course[j]. lowestScore=student[i]. course[j];
            }
        }

        cout<<setw(16)<<"课程名"<<setw(8)<<"平均分"
            <<setw(8)<<"最高分"<<setw(8)<<"最低分"<<endl;
        cout<<"----------------------------"<<endl;
        for(i=0;i<4;i++)
            cout<<setw(16)<<course[i]. name<<setw(8)<<course[i]. average
                <<setw(8)<<course[i]. highestScore
```

```
                    <<setw(8)<<course[i].lowestScore<<endl;

            cout<<"----------------------------"<<endl;
        }
        getchar();
    }
```

4. 统计学生的不及格课程门数和优秀课程门数

```
void countStu_Failed_Excellent() //case 5:统计每名学生的不及格课程门数和优秀课程门数
{
    int i,j;
    system("cls");
    cout<<endl;
    cout<<setw(5)<<"学号"<<setw(12)<<"姓名"
        <<setw(8)<<"数学"<<setw(8)<<"语文"
        <<setw(8)<<"英语"<<setw(8)<<"C++"
        <<setw(11)<<"不及格门数"<<setw(9)<<"优秀门数"<<endl;
    cout<<"----------------------------"<<endl;
    for(i=0;i<10;i++)
    {
            cout<<setw(5)<<student[i].id;
            cout<<setw(12)<<student[i].name;
            for(j=0;j<4;j++)
            {
                    cout<<setw(8)<<student[i].course[j];
            }
        //求不及格门数和优秀门数
        for(j=0;j<4;j++)
        {
            if(student[i].course[j]<60)
                    student[i].failedcount++;
            if(student[i].course[j]>=90)
                    student[i].excellentcount++;
        }
        //输出不及格门数和优秀门数
        cout<<setw(11)<<student[i].failedcount
            <<setw(9)<<student[i].excellentcount<<endl;
    }
```

```
        cout<<"-----------------------------"<<endl;
        getchar();
}
```

5. 排序

与数组相比较,这里的交换比数组要简洁得多。

```
void sort_By_Average(int flag)
  //case 6:case 9:flag=0:按学生平均分的高低排序;flag=1:按课程平均分排序
{
    system("cls");
    int i,j;
    if(flag==0)
    {
        for(i=0;i<9;i++)
        {
            for(j=i;j<10;j++)
                if(student[i]. average<student[j]. average)
                {
                    studentInformation stutemp;
                    stutemp=student[i];
                    student[i]=student[j];
                    student[j]=stutemp;
                }

            student[i]. rank=i+1;
        }
        student[i]. rank=i+1;
        //输出
        cout<<endl;
        cout<<setw(5)<<"名次"<<setw(5)<<"学号"<<setw(12)<<"姓名"
            <<setw(8)<<"数学"<<setw(8)<<"语文"
                <<setw(8)<<"英语"<<setw(8)<<"C++"<<setw(8)<<"总分"<<setw
(8)<<"平均分"<<endl;
        cout<<"---------------------------"<<endl;
        for(i=0;i<10;i++)
        {
            cout<<setw(5)<<student[i]. rank<<setw(5)<<student[i]. id;
            cout<<setw(12)<<student[i]. name;
```

```
            for(j=0;j<4;j++)
                cout<<setw(8)<<student[i].course[j];
            cout<<setw(8)<<student[i].sum
                <<setw(8)<<student[i].average<<endl;
        }
        cout<<"---------------------------"<<endl;
    }
    else if(flag==1)
    {
        for(i=0;i<3;i++)
        {
            for(j=i+1;j<4;j++)
            {
                if(course[i].average<course[j].average)
                {
                    courseInformation coursetemp;
                    coursetemp=course[i];
                    course[i]=course[j];
                    course[j]=coursetemp;
                }
            }
            course[i].rank=i+1;
        }
        course[i].rank=i+1;
        cout<<endl;
        cout<<setw(5)<<"名次"<<setw(16)<<"课程名"<<setw(8)<<"平均分"<<
endl;
        cout<<"---------------------------"<<endl;
        for(i=0;i<4;i++)
        {
            cout<<setw(5)<<course[i].rank<<setw(16)<<course[i].name
                <<setw(8)<<course[i].average<<endl;

        }
        cout<<"---------------------------"<<endl;
    }
    getchar();
}
```

6. 计算课程的平均分和不及格率

```cpp
void calculateCourse_Average_Failrate() //case 7:计算每门课程的平均分和不及格率
{
    system("cls");
    int i,j;
    for(j=0;j<4;j++)
    {
        course[j]. failureRate=0；  //每门课程的不及格率
        course[j]. sum=0;          //每门课程总和
        int count=0;               //不及格人数
        for(i=0;i<10;i++)
        {
            course[j]. sum+=student[i]. course[j];
            if(student[i]. course[j]<60)
                count++;
        }
        course[j]. average=course[j]. sum/10.0;
        course[j]. failureRate=count/10.0;
    }
    //输出
    cout<<endl;
    cout<<setw(16)<<"课程名"<<setw(8)<<"平均分"<<setw(13)<<"不及格率"<<endl;
    cout<<"----------------------------"<<endl;
    for(i=0;i<4;i++)
    {
        cout<<setw(16)<<course[i]. name<<setw(8)<<course[i]. average;
        cout<<setw(12)<<course[i]. failureRate * 100<<'%'<<endl;
    }
    cout<<"----------------------------"<<endl;
    getchar();
}
```

Pro 4.3   总结

结构体篇与数组篇相比较,代码更加简洁。

工程训练 5　学生成绩管理系统(链表篇)

用数组存储数据是静态的,编程时就要考虑数组的大小,一旦定义好了就不可以修改,既不可以扩大,也不可以缩小;但实际情况是数据是随着时间的变化而变化的,这样数组就不能满足需要。

使用链表存储数据是动态的,在程序的运行过程中,根据需要创建存储空间的大小,如果不需要存储空间了,可以随时释放,既节省资源又方便使用。

该工程训练使用链表来存储数据,改写学生成绩管理系统。学生成绩管理系统的功能有了很大的扩充,在前面已有的基础上,又加了一些功能,如插入学生结点、查找学生结点、删除学生结点、编辑学生结点。

Pro 5.1　定义数据

首先定义结构体数据,在结构体基础上,定义结点信息,结点信息包括两部分内容,数据域和指针域。为了方便测试数据,定义了结构体数组,并初始化了 10 个数据,用结构体数组中的数据给链表中的结点赋值。在此基础上可以进行插入、删除和编辑等操作。

1. 定义结点

先定义结构体,代码如下所示。

```
Struct studentInformation        //学生信息结构体
{
    int id;                      //学号
    char name[15];               //姓名
    int course[4];               //分别存放数学、语文、英语、C++的成绩
    int sum;                     //总分
    double average;              //平均分
    int rank;                    //名次
    int failedcount;             //不及格门数
    int excellentcount;          //优秀课程门数
    int highestScore;            //最高分
    int lowestScore;             //最低分
};
```

再定义学生结点,数据域是结构体,指针域就是指向自身的指针,代码如下所示。

```
struct studentNode        //链表中的结点,数据域是学生信息结构体,指针域是指向自身的指针
{
    studentInformation studentData;   //数据域
    studentNode * next;         //指针域
};
```

为了链表中的结点赋值方便,定义了结构体数组,并将其初始化,代码如下所示。先将结构体数组中的元素给链表赋值,使链表中的结点具有实际意义。

```
studentInformation student[10]={
                    {1,"zhanglili",67,89,73,56,0,0,0,0,0,0,0},
                    {2,"chenjunwei",89,65,73,90,0,0,0,0,0,0,0},
                    {3,"fanweiyong",78,56,87,90,0,0,0,0,0,0,0},
                    {4,"tangjinquan",68,87,35,59,0,0,0,0,0,0,0},
                    {5,"pengtianyi",56,87,38,80,0,0,0,0,0,0,0},
                    {6,"liuhao",83,49,76,90,0,0,0,0,0,0,0},
                    {7,"wuling",54,67,65,87,0,0,0,0,0,0,0},
                    {8,"sunpeipei",93,74,48,78,0,0,0,0,0,0,0},
                    {9,"shenhaiyan",67,87,67,89,0,0,0,0,0,0,0},
                    {10,"tangxueyan",45,56,78,98,0,0,0,0,0,0,0}
                    };
```

同样道理,定义课程结构体及结点,再定义课程结构体数组,并初始化。具体代码如下所示。

```
struct courseInformation        //课程信息结构体
{
    char name[15];        //课程名称
    int highestScore;       //最高分
    int lowestScore;       //最低分
    int sum;          //总分
    double average;       //平均分
    double failureRate;      //不及格率
    int rank;          //名次
};
struct courseNode//链表中的结点,数据域是课程信息结构体,指针域是指向自身的指针
{
    courseInformation courseData;
    courseNode * next;
```

```
};
courseInformation course[4]={
                            {"math",0,0,0,0,0,0},
                            {"chinese",0,0,0,0,0,0},
                            {"english",0,0,0,0,0,0},
                            {"c++",0,0,0,0,0,0}
                            };
```

2. 定义指针变量

定义指向学生结点的指针和指向课程结点的指针。

```
studentNode * studentHead=NULL;    //定义全局变量,学生头指针,初始值为空
courseNode * courseHead=NULL;      //定义全局变量,课程头指针,初始值为空
```

Pro 5.2　编写代码

系统中前 9 项功能,与前面的一样,代码中使用指针访问结构体变量,算法是一样的。

1. 输入函数

输入函数包括两部分内容,学生链表赋值和课程链表赋值。将结构体数组中的元素分别给链表中结点赋值。代码如下所示。

```
void inputStudentCourseScore() //case 1:输入学生的成绩,创建链表
{
    system("cls");
    studentNode * pStart=NULL, * pEnd=NULL;//pStart 头指针 pEnd 尾指针
    int i=0;
    while(i<10)
    {
        pStart=new studentNode;
        pStart->studentData=student[i];
        if(studentHead==NULL)
            studentHead=pStart;
        else
            pEnd->next=pStart;
        pEnd=pStart;
        i++;
    }
    pEnd->next=NULL;
    cout<<"    定义了学生结构体数组。给链表中的各个结点赋值!"<<endl;
```

```
    courseNode * qStart=NULL, * qEnd=NULL;
    i=0;
    while(i<4)
    {
        qStart=new courseNode;
        qStart->courseData=course[i];
        if(courseHead==NULL)
            courseHead=qStart;
        else
            qEnd->next=qStart;
        qEnd=qStart;
        i++;
    }
    qEnd->next=NULL;
    cout<<"    定义了课程结构体数组。给链表中的各个结点赋值!"<<endl;
    getchar();
}
```

2. 输出函数

用指针输出各结点的值。

```
void outputStudentScore()    //case 2：输出学生的成绩,使用指针输出链表各个结点的值。
{
    system("cls");
    cout<<endl;
    cout<<setw(5)<<"学号"<<setw(12)<<"姓名"
        <<setw(8)<<"数学"<<setw(8)<<"语文"
        <<setw(8)<<"英语"<<setw(8)<<"C++"<<endl;
    cout<<"-----------------------------"<<endl;
    studentNode * pTemp;
    pTemp=studentHead;
    while(pTemp! =NULL)
    {
        cout<<setw(5)<<pTemp->studentData. id;
        cout<<setw(12)<<pTemp->studentData. name;
        for(int j=0;j<4;j++)
            cout<<setw(8)<<pTemp->studentData. course[j];
        cout<<endl;
        pTemp=pTemp->next;
```

```
        }
        cout<<"----------------------------"<<endl;
        getchar();
    }
```

3. 计算每名学生的总分和平均分

```
void calculateStu_Total_Average()    //case 3：计算每名学生的总分和平均分
{
    system("cls");
    studentNode * pTemp=studentHead;
    int j;
    while(pTemp! =NULL)
    {
        for(j=0;j<4;j++)
        {
            pTemp->studentData. sum+=pTemp->studentData. course[j];
        }
        pTemp->studentData. average=pTemp->studentData. sum/4. 0;
        pTemp=pTemp->next;
    }
    cout<<endl;
    cout<<setw(5)<<"学号"<<setw(12)<<"姓名"
        <<setw(8)<<"数学"<<setw(8)<<"语文"
        <<setw(8)<<"英语"<<setw(8)<<"C++"<<setw(8)<<"总分"<<setw(8)<
<"平均分"<<endl;
        cout<<"----------------------------"<<endl;
    pTemp=studentHead;
    while(pTemp! =NULL)
    {
        cout<<setw(5)<<pTemp->studentData. id;
        cout<<setw(12)<<pTemp->studentData. name;
        for(j=0;j<4;j++)
            cout<<setw(8)<<pTemp->studentData. course[j];
        cout<<setw(8)<<pTemp->studentData. sum
            <<setw(8)<<pTemp->studentData. average<<endl;
        pTemp=pTemp->next;
    }
    cout<<"----------------------------"<<endl;
```

```
            getchar();
    }
```

4. 最高分和最低分

```
    void score_Highest_Lowest(int flag) //case 4;case 8;求二维数组的最大值和最小值,flag=0;求每
行的最高分和最低分;flag=1;求每列的最高分和最低分;
    {
        system("cls");
        cout<<endl;
        studentNode * pTemp=studentHead;
        courseNode * qTemp=courseHead;
        int j;
        if(flag==0)
        {
            cout<<setw(5)<<"学号"<<setw(12)<<"姓名"
                <<setw(8)<<"数学"<<setw(8)<<"语文"
                <<setw(8)<<"英语"<<setw(8)<<"C++"
                <<setw(8)<<"最高分"<<setw(8)<<"最低分"<<endl;
            cout<<"----------------------------"<<endl;

            while(pTemp! =NULL)
            {
                //求每名学生的最高分和最低分
                pTemp->studentData. highestScore=pTemp->studentData. course[0];
                pTemp->studentData. lowestScore=pTemp->studentData. course[0];
                for(j=1;j<4;j++)
                {
                    if(pTemp->studentData. highestScore<pTemp->studentData. course[j])
                        pTemp->studentData. highestScore=pTemp->studentData. course[j];
                    if(pTemp->studentData. lowestScore>pTemp->studentData. course[j])
                        pTemp->studentData. lowestScore=pTemp->studentData. course[j];
                }

                cout<<setw(5)<<pTemp->studentData. id;
                cout<<setw(12)<<pTemp->studentData. name;
                for(j=0;j<4;j++)
                {
                    cout<<setw(8)<<pTemp->studentData. course[j];
```

```
                    }
                    cout<<setw(8)<<pTemp->studentData.highestScore
                        <<setw(8)<<pTemp->studentData.lowestScore<<endl;
                    pTemp=pTemp->next;
                }
                cout<<"--------------------------"<<endl;
        }
    else if(flag==1)
    {
            //求每门课程的最高分和最低分
            j=0;
            while(qTemp! =NULL&&j<4)
            {
                pTemp=studentHead;
                qTemp->courseData.highestScore=pTemp->studentData.course[j];
                qTemp->courseData.lowestScore=pTemp->studentData.course[j];
                pTemp=pTemp->next;
                while(pTemp! =NULL)
                {
                    if(qTemp->courseData.highestScore<pTemp->studentData.course[j])
                        qTemp->courseData.highestScore=pTemp->studentData.course[j];
                    if(qTemp->courseData.lowestScore>pTemp->studentData.course[j])
                        qTemp->courseData.lowestScore=pTemp->studentData.course[j];
                    pTemp=pTemp->next;
                }
                qTemp=qTemp->next;
                j++;
            }
            qTemp=courseHead;
            cout<<setw(16)<<"课程名"<<setw(8)<<"平均分"
                <<setw(8)<<"最高分"<<setw(8)<<"最低分"<<endl;
            cout<<"--------------------------"<<endl;
            while(qTemp! =NULL)
            {
cout<<setw(16)<<qTemp->courseData.name<<setw(8)<<qTemp->courseData.average
                    <<setw(8)<<qTemp->courseData.highestScore
                    <<setw(8)<<qTemp->courseData.lowestScore<<endl;
                qTemp=qTemp->next;
```

```
        }
            cout<<"----------------------------"<<endl;
    }
    getchar();
}
```

5. 统计学生的不及格课程门数和优秀课程门数

```cpp
void countStu_Failed_Excellent() //case 5:统计每名学生的不及格课程门数和优秀课程门数
{
    int j;
    system("cls");
    cout<<endl;
    cout<<setw(5)<<"学号"<<setw(12)<<"姓名"
        <<setw(8)<<"数学"<<setw(8)<<"语文"
        <<setw(8)<<"英语"<<setw(8)<<"C++"
        <<setw(11)<<"不及格门数"<<setw(9)<<"优秀门数"<<endl;
    cout<<"----------------------------"<<endl;
    studentNode *pTemp=studentHead;
    while(pTemp! =NULL)
    {
        cout<<setw(5)<<pTemp->studentData. id;
        cout<<setw(12)<<pTemp->studentData. name;
        for(j=0;j<4;j++)
        {
            cout<<setw(8)<<pTemp->studentData. course[j];
        }
        //求不及格门数和优秀门数
        pTemp->studentData. failedcount=0;
        pTemp->studentData. excellentcount=0;
        for(j=0;j<4;j++)
        {
            if(pTemp->studentData. course[j]<60)
                pTemp->studentData. failedcount++;
            if(pTemp->studentData. course[j]>=90)
                pTemp->studentData. excellentcount++;
        }
        //输出不及格门数和优秀门数
        cout<<setw(11)<<pTemp->studentData. failedcount
```

```
                <<setw(9)<<pTemp->studentData. excellentcount<<endl;
        pTemp=pTemp->next;
    }
    cout<<"----------------------------"<<endl;
    getchar();
}
```

6. 排序

　　排序算法,用的是选择法,与前面结构体篇中的算法是一样的,不同的是这里使用指针引用结构体中的成员。在后面第 8 项中,插入学生结点,也是一种排序算法,是链表中经常使用的算法。

```
//按学生平均分的高低排序,一定已经执行了第 3 项,计算出了总分和平均分
void sort_By_Average(int flag) //case 6:case 9: flag=0:按学生平均分的高低排序;flag=1:按课
程平均分排序
{
    system("cls");
    int i,j;
    studentNode * pTemp1=studentHead, * pTemp2;
    if(flag==0)
    {
        i=0;
        while(pTemp1->next! =NULL)           //for(i=0;i<9;i++)
        {
            pTemp2=pTemp1->next;
            while(pTemp2! =NULL)              //for(j=i+1;j<10;j++)
            {
                if(pTemp1->studentData. average<pTemp2->studentData. average)
                {
                    studentInformation stutemp;
                    stutemp=pTemp1->studentData;
                    pTemp1->studentData=pTemp2->studentData;
                    pTemp2->studentData=stutemp;
                }
                pTemp2=pTemp2->next;
            }
            pTemp1->studentData. rank=i+1;
            i++;
            pTemp1=pTemp1->next;
```

```
            }

            pTemp1->studentData. rank=i+1；
            //输出
            cout<<endl；
            cout<<setw(5)<<"名次"<<setw(5)<<"学号"<<setw(12)<<"姓名"
                <<setw(8)<<"数学"<<setw(8)<<"语文"
                <<setw(8)<<"英语"<<setw(8)<<"C++"<<setw(8)<<"总分"<<setw
(8)<<"平均分"<<endl；
            cout<<"---------------------------"<<endl；
            pTemp1=studentHead；
            while(pTemp1! =NULL)
            {
    cout<<setw(5)<<pTemp1->studentData. rank<<setw(5)<<pTemp1->studentData. id；
                cout<<setw(12)<<pTemp1->studentData. name；
                for(j=0;j<4;j++)
                    cout<<setw(8)<<pTemp1->studentData. course[j]；
                cout<<setw(8)<<pTemp1->studentData. sum
                    <<setw(8)<<pTemp1->studentData. average<<endl；
                pTemp1=pTemp1->next；
            }
            cout<<"---------------------------"<<endl；
        }
        else if(flag==1)
        {
            i=0；
            courseNode  * qTemp1=courseHead, * qTemp2；
            while(qTemp1->next! =NULL)//for(i=0;i<3;i++)
            {
                qTemp2=qTemp1->next；
                while(qTemp2! =NULL)
                {
                    if(qTemp1->courseData. average<qTemp2->courseData. average)
                    {
                        courseInformation coursetemp；
                        coursetemp=qTemp1->courseData；
                        qTemp1->courseData=qTemp2->courseData；
                        qTemp2->courseData=coursetemp；
```

```
                    }
                 qTemp2＝qTemp2－＞next；
              }
           qTemp1－＞courseData. rank＝i＋1；
           qTemp1＝qTemp1－＞next；
           i++；
        }
     qTemp1－＞courseData. rank＝i＋1；
     cout＜＜endl；
     qTemp1＝courseHead；
     cout＜＜setw(5)＜＜"名次"＜＜setw(16)＜＜"课程名"＜＜setw(8)＜＜"平均分"＜＜
endl；
     cout＜＜"--------------"＜＜endl；
     while(qTemp1！＝NULL)//for(i=0;i＜4;i++)
     {
  cout＜＜setw(5)＜＜qTemp1－＞courseData. rank＜＜setw(16)＜＜qTemp1－＞courseData. name
                 ＜＜setw(8)＜＜qTemp1－＞courseData. average＜＜endl；
           qTemp1＝qTemp1－＞next；
     }
     cout＜＜"--------------"＜＜endl；
  }
  getchar()；
}
```

7. 计算课程的平均分和不及格率

```
void calculateCourse_Average_Failrate() //case 7:计算每门课程的平均分和不及格率
{
     system("cls")；
     studentNode ＊pTemp＝studentHead；
     courseNode ＊qTemp＝courseHead；
     int j＝0；
     while(qTemp！＝NULL)//for(j=0;j＜4;j++)
     {
        qTemp－＞courseData. failureRate＝0；//每门课程的不及格率
        qTemp－＞courseData. sum＝0；        //每门课程总和
        int count＝0；        //不及格人数
        pTemp＝studentHead；
        while(pTemp！＝NULL) //for(i=0;i＜10;i++)
```

```
                {
                    qTemp->courseData. sum+=pTemp->studentData. course[j];
                    if(pTemp->studentData. course[j]<60)
                        count++;
                    pTemp=pTemp->next;
                }
                qTemp->courseData. average=qTemp->courseData. sum/10. 0;
                qTemp->courseData. failureRate=count/10. 0;
                j++;
                qTemp=qTemp->next;
            }
        //输出
        cout<<endl;
        cout<<setw(16)<<"课程名"<<setw(8)<<"平均分"<<setw(13)<<"不及格率"<
<endl;

        cout<<"--------------"<<endl;
        qTemp=courseHead;
        while(qTemp! =NULL)//for(i=0;i<4;i++)
        {

    cout<<setw(16)<<qTemp->courseData. name<<setw(8)<<qTemp->courseData. aver-
age;

            cout<<setw(12)<<qTemp->courseData. failureRate * 100<<'%'<<endl;
            qTemp=qTemp->next;
        }
        cout<<"--------------"<<endl;
        getchar();
    }
```

8. 插入学生结点

在链表中插入结点的算法为:第一,链表是有序的,链表是空的也没关系,但一定是有序的,这样保证插入新结点后,链表依然是有序的;第二,建立新结点,输入新结点的各项信息,学号、姓名及四门课成绩;第三,计算新结点的相关项,如总分、平均分、最高分、最低分、优秀课程门数和不及格课程门数等;第四,根据新结点的平均分,将新结点插入到链表中;第五,输出链表中的所有结点,看一下新结点在不在其中,插入操作结束。下面代码先给出程序框架,在框架中,一定要按照顺序操作,否则将得不到正确结果,如没有执行计算结点相关项,该结点就没有平均分,就无法正确地插入到链表中去。

```
void insertedInOrder() //case 10：在有序中插入一个新结点
{
    int options；
    studentNode * studentNew；
    do
    {
        system("cls")；
        cout<<"          按如下步骤在有序链表中插入新结点"<<endl；
        cout<<"     ========================="<<endl；
        cout<<endl；
        cout<<"          步骤一：建立新结点"<<endl；
        cout<<"          步骤二：计算新结点相关项"<<endl；
        cout<<"          步骤三：按平均分插入链表中"<<endl；
        cout<<"          步骤四：输出链表中所有结点"<<endl；
        cout<<"          步骤五：退出"<<endl<<endl；
        cout<<"     ========================="<<endl；
        cout<<"       按顺序依次输入(1-5)："；
        cin>>options；
        switch(options)
        {
        case 1：
            studentNew=newNode()；
            break；
        case 2：
            calculateNode(studentNew)；
            break；
        case 3：
            insert(studentNew)；
            break；
        case 4：
            outputStudentAchievement()；//输出学生详细信息
            break；
        case 5：
            ；
        }
    }while(options！=5)；
    system("cls")；
}
```

（1）建立新结点

```
studentNode * newNode()        //case 10:(case 1:)新建一个结点,并输入数据
{
        system("cls");
        studentNode * pNew=new studentNode;
        cout<<"输入学生学号:"<<endl;
        cin>>pNew->studentData. id;
        cout<<"输入学生姓名(不超过 14 个字符):"<<endl;
        cin>>pNew->studentData. name;
        cout<<"输入学生四门课程的成绩(用空格分开):"<<endl;
        for(int i=0;i<4;i++)
            cin>>pNew->studentData. course[i];
        return pNew;
}
```

（2）计算新结点相关项

```
void calculateNode(studentNode * &pstu) //case 10:(case 2:) 计算新结点相关项
{
        system("cls");
        pstu->studentData. sum=0;                //总分
        pstu->studentData. failedcount=0;        //不及格门数
        pstu->studentData. excellentcount=0;   //优秀门数



        for(int i=0;i<4;i++)
        {
            pstu->studentData. sum+=pstu->studentData. course[i];
            if(pstu->studentData. course[i]<60)
                pstu->studentData. failedcount++;
            if(pstu->studentData. course[i]>=90)
                pstu->studentData. excellentcount++;
        }
        pstu->studentData. average=pstu->studentData. sum/4. 0;        //平均分
        pstu->studentData. highestScore=pstu->studentData. course[0]; //最高分
        pstu->studentData. lowestScore=pstu->studentData. course[0]; //最低分
        for(i=1;i<4;i++)
        {
```

```
            if(pstu->studentData. highestScore<pstu->studentData. course[i])
                    pstu->studentData. highestScore=pstu->studentData. course[i];
            if(pstu->studentData. lowestScore>pstu->studentData. course[i])
                    pstu->studentData. lowestScore=pstu->studentData. course[i];
        }
        cout<<"新建结点相关项计算完毕!"<<endl;
        getchar();
    }
```

(3) 按平均分插入链表中

如果原链表为空,这种插入算法,可以完成排序的功能。也是链表中经常用到的一种排序算法。

```
    void insert(studentNode * pstu) //case 10:(case 3:) 将结点插入到链表中,原链表已经排序。
    {
        system("cls");
        studentNode * traverNode=studentHead;
        if(studentHead==NULL)        //原链表为空
        {
            studentHead=pstu;
            pstu->next=NULL;
        }
        else if(studentHead->studentData. average<pstu->studentData. average)//插在链表之首
        {
            pstu->next=studentHead;
            studentHead=pstu;
        }
        else
        {

    while(traverNode->next! =NULL&& traverNode->next->studentData. average>pstu->
    studentData. average)
                traverNode=traverNode->next;
            if(traverNode->next==NULL)            //插在链表之尾
            {
                traverNode->next=pstu;
                pstu->next=NULL;
            }
            else                        //插在链表中间
```

```
                {
                        pstu->next=traverNode->next;
                        traverNode->next=pstu;
                }
        }
        //重新排名
        traverNode=studentHead;
        int i=0;
        studentNode * preNode=studentHead;
        while(traverNode! =NULL)
        {
                if(i==0)
                {
                        traverNode->studentData. rank=1;
                        i++;
                        traverNode=traverNode->next;
                }
                else if(traverNode->studentData. average==preNode->studentData. average)
                {
                        traverNode->studentData. rank=i;
                        traverNode=traverNode->next;
                        preNode=preNode->next;
                }
                else
                {
                        traverNode->studentData. rank=i+1;
                        traverNode=traverNode->next;
                        preNode=preNode->next;
                        i++;
                }
        }
        cout<<"插入成功!"<<endl;
        getchar();
}
```

（4）输出链表所有结点

```
void outputStudentAchievement()   //输出学生详细信息,名次,总分等
{
```

```
        studentNode * pTemp1;
        cout<<endl;
        cout<<setw(5)<<"名次"<<setw(5)<<"学号"<<setw(12)<<"姓名"
            <<setw(8)<<"数学"<<setw(8)<<"语文"
            <<setw(8)<<"英语"<<setw(8)<<"C++"<<setw(8)<<"总分"<<setw(8)<
<"平均分"<<endl;
        cout<<"----------------------------"<<endl;
        pTemp1=studentHead;
        while(pTemp1! =NULL)
        {
            cout<<setw(5)<<pTemp1->studentData. rank<<setw(5)<<pTemp1->stu-
dentData. id;
            cout<<setw(12)<<pTemp1->studentData. name;
            for(int j=0;j<4;j++)
                cout<<setw(8)<<pTemp1->studentData. course[j];
            cout<<setw(8)<<pTemp1->studentData. sum
                <<setw(8)<<pTemp1->studentData. average<<endl;
            pTemp1=pTemp1->next;
        }
        cout<<"----------------------------"<<endl;
        getchar();
    }
```

9. 查找学生结点

查找结点中,给出了三种查找方式,第一按名次查找;第二按学号查找;第三按姓名查找。根据查找条件,可能会有多个结点满足要求,需要将多个结点同时列出来。

查找算法,新建一个目标链表,查找到符合条件的结点,就放到目标链表上,全部查找结束,将目标链表的所有结点输出。

```
    void findStuNode() //case 11：分别按名次、学号、姓名进行查找
    {
        int options;
        do
        {
            system("cls");
            cout<<"                    查找结点"<<endl;
            cout<<"        ======================"<<endl;
            cout<<endl;
            cout<<"            1：按名次查找"<<endl;
```

```
        cout<<"                    2：按学号查找"<<endl；
        cout<<"                    3：按姓名查找"<<endl；
        cout<<"                    4：退出"<<endl<<endl；
        cout<<"        ======================"<<endl；
        cout<<"       输入选项(1-4)："；
        cin>>options；
        switch(options)
        {
        case 1：
            searchByRank()；
            break；
        case 2：
            searchById()；
            break；
        case 3：
            searchByName()；
            break；
        case 4：
            ；
        }
    }while(options！=4)；
    system("cls")；
}
```

(1) 按名次查找

```
void searchByRank()      //case 11：(case 1：)按名次进行查找
{
    int order；        //存放名次的变量
    int i=0；             //计数器，查找到的结果也许有多个
    cout<<"请输入要查找的名次"<<endl；
    cin>>order；
    studentNode * stuResults=NULL；
    studentNode * pstu=studentHead；
    studentNode * stuTemp1；
    studentNode * stuTemp2；

    while(pstu！=NULL)
    {
```

```
            if(pstu->studentData. rank==order)
            {
                if(i==0)
                {
                    stuTemp1=new studentNode;
                    stuTemp1->studentData=pstu->studentData;
                    stuTemp1->next=NULL;
                    stuResults=stuTemp1;
                    stuTemp2=stuTemp1;
                    i++;
                }
                else
                {
                    stuTemp1=new studentNode;
                    stuTemp1->studentData=pstu->studentData;
                    stuTemp1->next=NULL;
                    stuTemp2->next=stuTemp1;
                    stuTemp2=stuTemp1;
                }
            }
            pstu=pstu->next;
        }
        displaySearchResults(stuResults);
        getchar();
}
```

(2) 按学号查找

```
void searchById()    //case 11;(case 2;)按学号进行查找
{
    int order;        //存放学号的变量
    int i=0;          //计数器,查找到的结果也许有多个
    cout<<"请输入要查找的学号"<<endl;
    cin>>order;
    studentNode *stuResults=NULL;
    studentNode *pstu=studentHead;
    studentNode *stuTemp1;
    studentNode *stuTemp2;
```

```
        while(pstu! =NULL)
        {
            if(pstu->studentData. id==order)
            {
                if(i==0)
                {
                        stuTemp1=new studentNode；
                        stuTemp1->studentData=pstu->studentData；
                        stuTemp1->next=NULL；
                        stuResults=stuTemp1；
                        stuTemp2=stuTemp1；
                        i++；
                }
                else
                {
                        stuTemp1=new studentNode；
                        stuTemp1->studentData=pstu->studentData；
                        stuTemp1->next=NULL；
                        stuTemp2->next=stuTemp1；
                        stuTemp2=stuTemp1；
                }
            }
            pstu=pstu->next；
        }
        displaySearchResults(stuResults)；
        getchar()；
}
```

(3) 按姓名查找

```
void searchByName()      //case 11；(case 3；)按姓名进行查找
{
    char stuName[15]；       //存放名次的变量
    int i=0；            //计数器,查找到的结果也许有多个
    out<<"请输入要查找的姓名(不超过 14 个字符,中间不能有空格)："<<endl；
    cin>>stuName；
    studentNode * stuResults=NULL；
    studentNode * pstu=studentHead；
    studentNode * stuTemp1；
```

```
        studentNode * stuTemp2;
        while(pstu! =NULL)
        {
            if(strcmp(pstu->studentData. name,stuName)==0)
            {
                if(i==0)
                {
                    stuTemp1=new studentNode;
                    stuTemp1->studentData=pstu->studentData;
                    stuTemp1->next=NULL;
                    stuResults=stuTemp1;
                    stuTemp2=stuTemp1;
                    i++;
                }
                else
                {
                    stuTemp1=new studentNode;
                    stuTemp1->studentData=pstu->studentData;
                    stuTemp1->next=NULL;
                    stuTemp2->next=stuTemp1;
                    stuTemp2=stuTemp1;
                }
            }
            pstu=pstu->next;
        }
        displaySearchResults(stuResults);
        getchar();
}
```

（4）按显示查找结果

```
void displaySearchResults(studentNode * stuHead) //case 11:(case 1,2,3):显示查找结果的函数
{
    studentNode * pTemp=stuHead;
    cout<<endl;
    cout<<setw(5)<<"名次"<<setw(5)<<"学号"<<setw(12)<<"姓名"
        <<setw(8)<<"数学"<<setw(8)<<"语文"
        <<setw(8)<<"英语"<<setw(8)<<"C++"<<setw(8)<<"总分"<<setw(8)<
<"平均分"<<endl;
```

```
        cout<<"---------------------------"<<endl;
    while(pTemp! =NULL)
    {
        cout<<setw(5)<<pTemp->studentData. rank<<setw(5)<<pTemp->student-
Data. id;
        cout<<setw(12)<<pTemp->studentData. name;
        for(int j=0;j<4;j++)
            cout<<setw(8)<<pTemp->studentData. course[j];
        cout<<setw(8)<<pTemp->studentData. sum
            <<setw(8)<<pTemp->studentData. average<<endl;
        pTemp=pTemp->next;
    }
        cout<<"---------------------------"<<endl;
}
```

10. 删除学生结点

首先按学号找到要删除的结点,也许找到的结点不止一个,要删除哪一个呢,这时我们显示出要删除结点的信息,询问是否一定要删除,经过确认后再执行删除操作。

```
    void deleteNode()        //case 12:删除学生结点
    {
        system("cls");
        studentNode * pstu=studentHead;
        studentNode * qstu=studentHead;
        char message[6];
        int order;
        cout<<"输入要删除学生的学号:"<<endl;
        cin>>order;
        int i=0;   //计数,判断是不是头结点
        while(pstu! =NULL)
        {
            if(pstu->studentData. id==order)
            {
                cout<<endl;
                cout<<setw(5)<<"名次"<<setw(5)<<"学号"<<setw(12)<<"姓名"
                    <<setw(8)<<"数学"<<setw(8)<<"语文"
                    <<setw(8)<<"英语"<<setw(8)<<"C++"<<setw(8)<<"总分"
                    <<setw(8)<<"平均分"<<endl;
                cout<<"---------------------------"<<endl;
```

```
            cout<<setw(5)<<pstu->studentData. rank<<setw(5)<<pstu->student-
Data. id;
            cout<<setw(12)<<pstu->studentData. name;
            for(int j=0;j<4;j++)
                cout<<setw(8)<<pstu->studentData. course[j];
            cout<<setw(8)<<pstu->studentData. sum
                <<setw(8)<<pstu->studentData. average<<endl;
            cout<<"----------------------------"<<endl;
            cout<<endl<<"确信要删除吗？（yes or no)"<<endl;
            cin>>message;
            if(strcmp(message,"yes")==0)
            {
                if(i==0)   //是头结点
                {
                    studentHead=pstu->next;
                    qstu=studentHead;
                    delete pstu;   //将 pstu 指向的结点删除
                    pstu=qstu;   //pstu 指向新的结点
                }
                else if(pstu->next! =NULL)//是中间结点
                {
                    qstu->next=pstu->next;
                    delete pstu;
                    pstu=qstu->next;
                }
                else if(pstu->next==NULL)//是尾结点
                {
                    qstu->next=NULL;
                    delete pstu;
                    pstu=qstu->next;
                }
            }
            else if(strcmp(message,"no")==0)
            {
                i++;
                pstu=pstu->next;
                if(i>1)
```

```
                    qstu＝qstu－＞next；
                }

        }
        else
        {
            i++；
            pstu＝pstu－＞next；
            if(i＞1)
                    qstu＝qstu－＞next；
        }


    }
    cout＜＜"删除结束!"＜＜endl；
    getchar()；
    cout＜＜"输出链表信息,删除结点已经不存在!"＜＜endl；
    outputStudentAchievement()；
    system("cls")；
}
```

11. 编辑学生结点

　　编辑结点的算法,第一根据学号找到结点,显示该结点的信息;第二确认该结点是否编辑,同意编辑就输入"yes",不同意就输入"no";第三将编辑的结点从链表上摘下来,也就是从链表上删除,但不释放空间;第四显示编辑结点菜单,按照菜单的要求进行编辑,全部编辑结束,就保存;第五计算该结点的相关项,如平均分、总分、最高分、最低分、不及格课程门数和优秀课程门数等;第六按平均分将该结点插入到链表中去;第七显示链表中各结点。

```
    void editNode()      //case 13:编辑学生结点
    {
        system("cls")；
        studentNode ＊pstu＝studentHead；
        studentNode ＊qstu＝studentHead；
        char message[6]＝""；
        int order；
        cout＜＜"输入要编辑学生的学号:"＜＜endl；
        cin＞＞order；
        int i＝0；  //计数,判断是不是头结点
        while(pstu! ＝NULL&&strcmp(message,"yes")! ＝0)
        {
```

```
if(pstu->studentData.id==order)
{
    cout<<endl;
    cout<<setw(5)<<"名次"<<setw(5)<<"学号"<<setw(12)<<"姓名"
        <<setw(8)<<"数学"<<setw(8)<<"语文"
        <<setw(8)<<"英语"<<setw(8)<<"C++"<<setw(8)<
        <<"总分"<<setw(8)<<"平均分"<<endl;
    cout<<"---------------------------"<<endl;
    cout<<setw(5)<<pstu->studentData.rank
        <<setw(5)<<pstu->studentData.id;
    cout<<setw(12)<<pstu->studentData.name;
    for(int j=0;j<4;j++)
        cout<<setw(8)<<pstu->studentData.course[j];
    cout<<setw(8)<<pstu->studentData.sum
        <<setw(8)<<pstu->studentData.average<<endl;
    cout<<"---------------------------"<<endl;
    cout<<endl<<"是要编辑这条记录吗？（yes or no)"<<endl;
    cin>>message;
    if(strcmp(message,"yes")==0)
    {
        if(i==0)    //是头结点
        {
            studentHead=pstu->next;
            qstu=studentHead;
        }
        else if(pstu->next!=NULL)    //是中间结点
            {
            qstu->next=pstu->next;
        }
        else if(pstu->next==NULL)    //是尾结点
        {
            qstu->next=NULL;
        }
    }
    else if(strcmp(message,"no")==0)
    {
```

```
                i++;
                pstu=pstu->next;
                if(i>1)
                        qstu=qstu->next;
            }
        }
        else
        {
            i++;
            pstu=pstu->next;
            if(i>1)
                    qstu=qstu->next;
        }
    }
if(pstu==NULL)
        cout<<"没有该学生!"<<endl;
else
{
    int options;
    do
    {
        system("cls");
        cout<<"            编辑结点"<<endl;
        cout<<"      ======================"<<endl;
        cout<<endl;
        cout<<"          1：姓名"<<endl;
        cout<<"          2：数学"<<endl;
        cout<<"          3：语文"<<endl;
        cout<<"          4：英语"<<endl;
        cout<<"          5：C++"<<endl;
        cout<<"          6：编辑完毕保存"<<endl<<endl;
        cout<<"      ======================"<<endl;
        cout<<"    输入选项(1-6)：";
        cin>>options;
        switch(options)
        {
        case 1：
            cout<<"请输入姓名："<<endl;
```

```
                cin>>pstu->studentData. name;
                break;
        case 2:
                cout<<"请输入数学:"<<endl;
                cin>>pstu->studentData. course[0];
                break;
        case 3:
                cout<<"请输入语文:"<<endl;
                cin>>pstu->studentData. course[1];
                break;
        case 4:
                cout<<"请输入英语:"<<endl;
                cin>>pstu->studentData. course[2];
                break;
        case 5:
                cout<<"请输入C++:"<<endl;
                cin>>pstu->studentData. course[3];
                break;
        case 6:
                calculateNode(pstu);
                insert(pstu);
                outputStudentAchievement();
        }
    }while(options! =6);
    system("cls");
  }
}
```

Pro 5.3　总结

　　链表集中了前面所讲的所有内容,用到了结构体、结构体数组、函数、循环等知识点,使设计的系统内容更加丰富、功能更加强大,节省了存储空间;添加结点,可以随时动态开辟存储空间,删除结点,随时动态释放存储空间。

第五单元

实验 9　类和对象

9.1　实验目的和要求

（1）掌握类的定义和对象的声明，学习对象的说明和使用方法；

（2）掌握类的构造函数、析构函数的定义与使用方法。

9.2　相关知识点

9.2.1　类

1. 类的定义

类定义的一般形式：

```
class <类名>
{
private:
        私有数据成员和成员函数
protected:
        保护数据成员和成员函数
public:
        公有数据成员和成员函数
};
```

2. 类成员的访问属性控制

C++规定有三种访问控制属性：

（1）private：私有成员只允许该类中的成员函数访问，且类成员的默认访问权限是私有的。

（2）protected：保护成员能够被该类的成员函数访问以及派生类中的成员函数访问。

（3）public：公有成员允许被类外面的函数访问，也可以被外部程序中声明的该类对象所访问。

注意：在 C++语言中，结构体 struct 与类 class 有很多相同之处，主要表现在：

- 类和结构体的定义形式相同；
- 类和结构体都可以包含数据成员和函数成员；
- 类和结构体的成员都有访问权限，都可以被 public、protected 和 private 修饰；

所以结构体可看成类的一个特例，但也有差异：

- 关键字：struct→class；
- 结构成员访问权限默认为 public，而类成员默认为 private。

3. 类的数据成员

注意两点：

（1）数据成员不能在定义时初始化，它的初始化是在具体对象创建时由构造函数完成的。

（2）数据成员定义不能递归，即不能用自身类的实例化对象作为该类的数据成员。

4. 类的成员函数

成员函数的实现可在类的内部，也可在类的外部。在类内部实现时默认为内联函数（可不加 inline），在类外部实现时格式如下：

```
返回类型 类名::成员函数名(形参表)
{
    函数体;
}
```

9.2.2　对象

对象的定义有直接定义和间接定义两种。只有公有成员才能通过该类的对象对它进行访问。

一般形式为：

```
<对象名>.<公有数据成员名>
```

或

```
<对象名>.<公有成员函数名(实参表)>
```

9.2.3　构造函数

构造函数的定义格式如下：

```
<类名>::<类名>(<参数表>)
{
    <函数体>
}
```

几点说明：

（1）函数名与类名相同，应声明为公有函数；

（2）构造函数可以在类中定义，也可以在类外定义；

（3）构造函数无函数返回类型说明，注意是什么也不写，也不可写 void；

（4）构造函数不能像其他函数那样被显式调用，它在定义对象时被编译系统自动调用，且在该对象生存期中只调用这一次；

（5）构造函数可以是内联函数，可以带默认的形参值，还可以重载。也就是说，说明中可以有多个构造函数，它们由不同的参数表区分，系统在自动调用时按函数重载的规则选一个执行；

（6）如果类说明中没有给出构造函数，则C++编译器自动给出一个默认的构造函数，形式为：类名∷类名（）｛ ｝，但如果我们定义了一个构造函数，系统就不会自动生成默认的构造函数。

9.2.4　析构函数

析构函数用来释放分配给对象的内存空间。

析构函数的定义格式如下：

```
<类名>∷~<类名>()
{
        <函数体>
}
```

析构函数有如下特点：

（1）析构函数的名字是在类名前加一个"~"构成；

（2）析构函数没有参数，也没有返回值，而且不能重载，所以在一个类中只能有一个析构函数；

（3）对象注销时，系统自动调用析构函数；

（4）如果一个类中没有定义析构函数，系统会自动生成一个缺省的析构函数，其形式为：

类名∷~类名（）｛ ｝

（5）使用 new 动态创建对象时，会自动调用构造函数，使用 delete 释放堆中对象时会自动调用析构函数；

（6）若使用 C 语言中的 malloc 动态创建对象时，不会自动调用构造函数，使用 free 释放对象时也不会自动调用析构函数。

9.2.5　静态数据成员和静态成员函数

静态成员不是属于某个具体的对象,而是属于整个类。

1. 静态数据成员

(1) 用关键字 static 声明;

(2) 存储空间是在编译时分配的,在定义对象时不再为静态成员分配空间;

(3) 在编译期分配存储空间,而其他数据成员在运行期分配存储空间;

(4) 必须在类外初始化;

(5) 静态数据成员属于整个类,使用时可用以下格式:

类名::静态数据成员名　　　或者　　　对象名. 静态数据成员名

2. 静态成员函数

(1) 静态成员函数可以通过类名限定直接调用或通过对象调用,可采用如下两种方式:

类名::函数名(参数表);　　　或者　　　对象名. 函数名(参数表);

(2) 静态成员函数可以直接使用类的静态成员数据与静态成员函数;

(3) 静态成员函数不可以直接使用类的非静态成员数据与非静态成员函数;

(4) 静态成员函数没有 this 指针。

另外,静态成员必须要在类内声明(加 static 关键词),在类外定义或实现,在类外定义或实现时不要再加 static,否则会和静态存储类型混淆。

9.2.6　类的组合

将一个已定义的类的对象作为另一个类的数据成员,称为类的组合。

类的成员可包括:普通数据成员、函数成员和对象成员。对象成员是实体,系统不仅为它分配内存,而且要进行初始化。

含对象成员的类的构造函数格式如下:

＜类名＞::＜类名＞(形参表):对象成员 1(形参表),对象成员 2(形参表),……
{
　　　　本类的初始化函数体
}

此时该类的对象初始化时,首先依次自动调用各成员对象的构造函数,再执行该类对象自己的构造函数的函数体部分。各成员对象的构造函数调用的次序与类定义中说明的顺序一致,而与它们在构造函数成员初始化列表中的顺序无关。(析构函数的调用顺序相反)

若是调用缺省构造函数(即无形参的),则内嵌对象的初始化也将调用相应的缺省构造函数。

9.3　实验内容

【基础题】

(1) 创建一个 Employee 类,该类中包含下列内容:

数据成员:姓名、街道地址和邮政编码,可用字符数组存放;

成员函数:功能有修改姓名、显示数据信息。使用构造函数给每个成员赋值。

其中数据成员为保护的,函数为公共的。在主函数中测试并打印信息。

分析:根据题意,在 Employee 类中声明 3 个字符数组(数据成员),3 个成员函数(构造函数、修改姓名函数和显示数据信息的函数),在主函数中定义对象,调用各个成员函数测试结果。参考程序如下:

```cpp
# include <iostream. h>
# include<string. h>
class Employee //类 Employee 的声明
{protected:
 char name[10];
 char add[20];
 char post[10];
public:
   void change(char * name2);
   void display();
   Employee(char * name1,char * add1,char * post1);
};
Employee::Employee(char * name1,char * add1,char * post1) //构造函数
{
strcpy(name,name1);
strcpy(add,add1);
strcpy(post,post1);
}
void Employee::change(char * name2) //成员函数 change
{strcpy(name,name2);}
void Employee::display() //成员函数 display
{cout<<"个人信息为:"<<endl;
cout<<name<<endl;
cout<<add<<endl;
cout<<post<<endl;
}
void main()
```

```
{ char name[10];
  Employee e("wanghong","20 号楼","223001"); //创建对象
  e.display();
  cout<<"修改名字为:"<<endl;
  cin>>name;
  e.change(name);
  e.display();
}
```

（2）定义一个描述学生通讯录的类 COMMU，数据成员包括：姓名、学校、电话号码和邮编；成员函数包括：分别设置和获取各个数据成员的值以及输出各个数据成员的值。

分析：可使用动态数组分别存放姓名、学校和电话号码。定义字符数组来存放邮编。将数据成员均定义为私有的。用一个成员函数输出所有的成员数据，用四个成员函数分别设置姓名、单位、电话号码和邮编，再用四个成员函数分别获取姓名、单位、电话号码和邮编。主函数完成简单的测试工作。

参考程序如下：

```
#include <iostream.h>
#include <string.h>
class   COMMU
{
    char   * pName;              //姓名,数据成员为私有的
    char   * pSchool;            //单位
    char   * pNum;               //电话号码
    char   Box[10];              //邮编
public：
    void   Print(void)           //输出数据成员
    {
        cout<<"姓名:"<<pName<<'\t';
        cout<<"单位:"<<pSchool<<'\t';
        cout<<"电话号码:"<<pNum<<'\t';
        cout<<"邮编:"<<Box<<'\n';
    }
    void   Init(char * ,char * ,char * ,char * );
    void   FreeSpace(void);       //释放数据成员占用的空间
    void   SetName(char * name)
    {
        if(pName )
            delete [ ] pName;      //释放存储空间
```

```cpp
            pName=new char[strlen(name)+1];          //申请存储空间
            strcpy(pName,name);
        }
        void SetScool(char * unit)                    //置学校名称
        {
            if( pSchool )
                delete [] pSchool;
            pSchool=new char[strlen(unit)+1];
            strcpy(pSchool,unit);
        }
        void SetNum(char * num)                       //置电话号码
        {
            if( pNum )
                delete [ ] pNum;
            pNum=new char[strlen(num)+1];
            strcpy(pNum,num);
        }
        void SetBox(char * mailnum)                   //置邮编
        {
            strcpy(Box,mailnum);
        }
        char * GetName(void)                          //取姓名
        {
            return pName;
        }
        char * GetScool(void )                        //取学校
        {
            return   pSchool;
        }
        char * GetNum(void)                           //取电话号码
        {
            return pNum;
        }
        char * GetBox(void)                           //取邮编
        {
            return Box;
        }
};
```

```
void   COMMU∷Init(char * name,char * unit,char * num,char * b)
{                                     //完成初始化
    pName=new   char[strlen(name)+1];
    strcpy(pName,name);
    pSchool=new   char[strlen(unit)+1];
    strcpy(pSchool,unit);
    pNum=new   char[strlen(num)+1];
    strcpy(pNum,num);
    strcpy(Box,b);
}
void   COMMU∷FreeSpace()
{
    if(pName) delete[] pName;
    if(pSchool) delete[] pSchool;
    if(pNum)   delete[] pNum;
}
void main()
{
    COMMU   c1,c2;
    c1.Init("于元","北京大学","025-85595638","210024");
    c2.Init("王海","南京理工大学","025-85432455","210015");
    c1.Print();
    c2.Print();
    c1.SetName("王国安");
    cout<<c1.GetName()<<'\n';
    c1.SetScool("南京理工大学");
    cout<<c1.GetScool()<<'\n';
    c1.SetNum("025-88755635");
    cout<<c1.GetNum()<<"\n";
    c1.SetBox("210090");
    cout<<c1.GetBox()<<"\n";
    c1.Print();
    c1.FreeSpace();
    c2.FreeSpace();
}
```

（3）将上题中的成员函数 Init 改为构造函数,将成员函数 FreeSpace 改为析构函数。增加一个缺省的构造函数,使指针 pName,pSchool 和 pNum 的初值为 0,使 Box 包含空字符串。

分析:缺省的构造函数完成数据成员的初始化,根据该题的要求,缺省的构造函数可以是:

```
COMMU()                        //缺省的构造函数
{
    pName=pSchool=pNum=0;
    Box[0]=0;
}
```

用构造函数 COMMU 代替成员函数 Init 的功能,只要将函数名 Init 改为COMMU,即:

```
COMMU(char * name,char * unit,char * num,char * b)
{                              //重载构造函数
    pName=new   char [strlen(name)+1];
    strcpy(pName,name);
    pSchool=new   char [strlen(unit)+1];
    strcpy(pSchool,unit);
    pNum=new   char [strlen(num)+1];
    strcpy(pNum,num);strcpy(Box,b);
}
```

用析构函数~COMMU 代替成员函数 FreeSpace,该析构函数为:

```
~COMMU()                      //析构函数
{
        if(pName) delete [] pName;
        if(pSchool) delete [] pSchool;
        if(pNum)   delete [] pNum;
}
```

其他代码同学们自己可补充完整。

(4) 定义一个时间类 Time,能够提供和设置由时分秒组成的时间,并编写程序,定义时间对象,设置时间,输出该对象提供的时间。并将类定义为接口,用多文件结构实现。

分析:要将类定义作为接口,可以将类的定义和实现分开,类的定义放在头文件 time. h 中,类的实现放在源文件 time. cpp 中,使用类的代码放在 main. cpp 中,同时要注意时间值的有效范围。参考程序如下:

```
//time. h
# include<iostream. h>
class Time
{
```

```cpp
public：
    Time();//构造函数
    Time(int h,int m,int s);//构造函数
    void sethour(int h);//设置小时
    void setminute(int m);//设置分钟
    void setsecond(int s);//设置秒
    int gethour();//返回小时
    int getminute();//返回分钟
    int getsecond();//返回秒
    void disp();//打印时间
private：
    int hour,minute,second；
};
//time.cpp
#include "time.h"
Time::Time() //不带参数的构造函数
{ hour=minute=second=0;}
Time::Time(int h,int m,int s) //带参数的构造函数
{
    sethour(h);
    setminute(m);
    setsecond(s);
}
void Time::sethour(int h) //设置小时
{
    if((h>=0)&&(h<=23)) hour=h;
}
void Time::setminute(int m) //设置分钟
{
        if((m>=0)&&(m<=59)) minute=m;
}
void Time::setsecond(int s) //设置秒
{
        if((s>=0)&&(s<=59)) second=s;
}
int Time::gethour(){ return hour;} //返回小时
int Time::getminute(){return minute;}//返回分钟
int Time::getsecond(){return second;}//返回秒
void Time::disp() //打印时间
```

```
{
    cout<<hour<<":"<<minute<<":"<<second<<endl;
}
//main. cpp
#include "time. h"
void main()
{
    Time t;
    t. disp();
    t. sethour(22);
    t. setminute(30);
    t. setminute(30);
    t. disp();
}
```

【提高题】

（5）定义一个 Book（图书）类，在该类定义中包括下列内容：

数据成员：bookname（书名），price（价格）和 number（存书数量）；

成员函数：display()显示图书情况；borrow()将存书数量减 1，并显示当前存书数量；restore()将存书数量加 1，并显示当前存书数量。

在 main 函数中，要求创建某种图书对象，并且对该图书进行简单的显示、借阅和归还管理。

分析：首先声明类 Book，包括三个数据成员和若干函数成员，成员函数的实现可放在类外，在各成员函数中分别实现对图书的显示、借阅、归还等管理，在主函数中打印结果。其中Book 类的声明可参考如下：

```
class Book      //Book 类的声明
{
public:
  void setBook(char * ,float,int);
  void borrow();
  void restore();
  void display();
private:
  char bookname[40];
  float price;
  int number;
};
```

测试主程序可采用如下的形式：

```
void main()
{
char flag,ch;
Book computer;
computer. setBook("C++程序设计",30,100);
computer. display();
ch='y';
while(ch=='y')
{
    cout<<"请输入借阅或归还标志(b/r):";
    cin>>flag;
    switch(flag)
    {
    case 'b':computer. borrow();break;
    case 'r':computer. restore();
    }
    cout<<"是否继续？（y/n)";
    cin>>ch;
}
computer. display();
}
```

要求补充实现 Book 类的成员函数并测试整个程序。

（6）编写几何图形圆的类 Circle，包括两个属性：圆心 O（另定义 Point（点）类实现）和半径 R。成员函数包括：圆心位置获取函数 GetO、半径获取函数 GetR、半径设置函数 SetR、圆的位置移动函数 MoveTo 以及圆的信息打印函数 Display 等。

分析：该题中要定义两个类，分别是 Point 类和 Circle 类，而 Circle 类中有一个数据成员（圆心）是 Point 类的对象。据分析可知 Point 类中至少包含下列内容：

数据成员：x、y 坐标；

成员函数：构造函数（对数据成员的赋值操作）、分别取得 x、y 坐标的函数。

而类 Circle 中包含下列内容：

数据成员：Point O（圆心）、float R（半径）；

成员函数：GetO、GetR、SetR、MoveTo 及 Display。

其中 MoveTo 函数参考如下：

```
void circle::MoveTo(float xx,float yy )
{point o1(xx,yy);
 o=o1;
}
```

测试主程序采用如下形式：

```
void main()
{float x,y,x1,y1,r,r1;
   cout<<"请输入圆心坐标:"<<endl;
   cin>>x>>y;
   cout<<"请输入半径:"<<endl;
   cin>>r;
   point p(x,y);//创建点类的对象:圆心
   circle c(p,r);//创建圆类的对象:圆
   c.Display();
   cout<<"请重新设置圆的半径,输入半径为:"<<endl;
   cin>>r1;
   c.SetR(r1);
   c.Display();
   cout<<"移动圆心至:"<<endl;
   cin>>x1>>y1;
   c.MoveTo(x1,y1);
   c.Display();
}
```

将其他代码补充完整并测试运行。

【综合题】

(7) 编写程序，从键盘输入学生信息，包括：姓名、学号、分数，直到输入的学生姓名为空表示输入结束，所有的学生信息连接构成链表，将所有的学生信息按照降序对成绩进行排列构成链表，按照降序输出所有的学生信息。格式为：

姓名　　　学号　　　分数
…　　　　…　　　　…

要求：学生的信息放在一个类 student 中，其中包含一个字符数组保存姓名，两个整数类型保存学号和分数，并且都为私有成员。

提示：类 student 包含三个数据成员：姓名、学号和成绩，成员函数可包括构造函数、取得姓名、学号和成绩的函数以及设置姓名、学号和成绩的函数等。构造链表时可根据成绩高低把新节点插入到合适的位置。

(8) 设计类 LinkList，用链表结构实现。要求链表类具有以下功能：

① 能够在链表的头尾增加结点；

② 能够记录链表的个数(用静态成员)；

③ 能返回链表中的结点个数；

④ 能查看链表头结点的元素值；

⑤ 能告知链表是否为空；

⑥ 在链表类的构造函数中初始化链表；

⑦ 在链表类的析构函数中释放链表所有元素的空间。

提示：该题要实现链表类，链表的操作均是对结点进行的，所以可定义结构体 mode 表示结点，如下：

```
struct mode
{ int num;
    struct mode * next;
};
```

在链表类 LinkList 中数据成员包括结点个数及头指针，其声明可参考如下：

```
class LinkList
{
public:
    void addmodefr(struct mode * pmode);//在链表头增加结点
    void addmodeba(struct mode * pmode); //在链表尾增加结点
    int getsize();//返回链表中的结点个数
    int getfirmode();//查看链表头结点的元素值
    void ifnull();//链表是否为空
    LinkList(struct mode * pmode＝NULL){head＝pmode;}//构造函数
    ～LinkList();//析构函数
private:
    static int size;
    struct mode * head;
};
```

补充完善其他程序并测试运行。

(9) 编写一个类，实现简单的栈(用链表结构实现)。数据的操作按先进先出的顺序。

提示：首先声明类 stack，类中有数据成员和函数成员，数据成员为一个指向链首的指针 pHead，函数成员包括两个：

```
void put(int i)； //将数据 i 插入到栈中，入栈
int get()； //从栈中取一个数据，出栈
```

另外，注意在栈对象被销毁时，可能有元素没有弹出，必须释放空间，可通过析构函数

实现。

　　其中测试主程序可参考如下：

```
void main()
{
    stack s;
    s. put(10);//依次入栈
    s. put(12);
    s. put(14);
    cout<<s. get()<<endl;//输出 14,栈中剩下 10,12
    cout<<s. get()<<endl;//输出 12,栈中剩下 10
}
```

　　完善程序并测试运行。

工程训练 6　学生成绩管理系统(类与对象篇)

将工程训练 4 结构体篇进行修改,功能相同,用类结构实现;将原来的函数改为类的成员函数。

Pro 6.1　定义类与对象

定义学生类:

```
class StudentClass
{
private:
    studentInformation student[10]; //数据成员
    courseInformation course[4];
public:
    StudentClass(); //构造函数
    void outputStudentScore(); //case 2:输出学生的各门课成绩
    void calculateStu_Total_Average(); //case 3:计算每名学生的总分和平均分
    void score_Highest_Lowest(int flag); //case 4:case 8:求二维数组的最大值和最小值,
                    //flag=0:求每行的最高分和最低分;
                    //flag=1:求每列的最高分和最低分;
    void countStu_Failed_Excellent(); //case 5:统计不及格课程门数和优秀课程门数
    void sort_By_Average(int flag); //case 6:case 9:排序
                    //flag=0:按学生平均分的高低排序;
                    //flag=1:按课程平均分排序;
    void calculateCourse_Average_Failrate(); //case 7:计算每门课程的平均分和不及格率
};
```

定义学生类对象:

StudentClass stu; //定义学生对象

Pro 6.2　数据成员

不能在类的定义中将数据成员初始化,只能在构造函数中赋值。

Pro 6.3　成员函数

构造函数的功能是对数据成员进行赋值,学生的四门课成绩,使用的是随机函数,随机产生 40 到 100 之间的数据。

```
StudentClass::StudentClass()//构造函数
{
    int i,j;
    srand(time(NULL));
    for(i=0;i<10;i++)
        student[i].id=i+1;
        strcpy(student[0].name,"zhanglili");
        strcpy(student[1].name,"chenjunwei");
        strcpy(student[2].name,"fanweiyong");
        strcpy(student[3].name,"tangjinquan");
        strcpy(student[4].name,"pengtianyi");
        strcpy(student[5].name,"liuhao");
        strcpy(student[6].name,"wuling");
        strcpy(student[7].name,"sunpeipei");
        strcpy(student[8].name,"shenhaiyan");
        strcpy(student[9].name,"tangxueyan");
        for(i=0;i<10;i++)
        {
            for(j=0;j<4;j++)
                student[i].course[j]=rand()%61+40;//随机产生40~100之间数据
        }
        for(i=0;i<10;i++)
        {
            student[i].average=0;
            student[i].excellentcount=0;
            student[i].failedcount=0;
            student[i].highestScore=0;
            student[i].lowestScore=0;
            student[i].rank=0;
            student[i].sum=0;
        }
        strcpy(course[0].name,"math");
        strcpy(course[1].name,"chinese");
        strcpy(course[2].name,"english");
        strcpy(course[3].name,"c++");
        for(i=0;i<4;i++)
        {
            course[i].average=0;
            course[i].failureRate=0;
            course[i].highestScore=0;
            course[i].lowestScore=0;
```

```
            course[i]. rank=0;
            course[i]. sum=0;
        }
    }
```

将其他函数改为类成员函数，在函数名前加上类名和作用域符，函数的代码不变。如计算学生的总分和平均分函数。

```
void StudentClass∷calculateStu_Total_Average() //case 3：计算学生总分和平均分
{
    system("cls");
    int i,j;
    for(i=0;i<10;i++)
    {
        for(j=0;j<4;j++)
        {
            student[i]. sum+=student[i]. course[j];
        }
        student[i]. average=student[i]. sum/4.0;
    }
    cout<<endl;
    cout<<setw(5)<<"学号"<<setw(12)<<"姓名"
        <<setw(8)<<"数学"<<setw(8)<<"语文"
        <<setw(8)<<"英语"<<setw(8)<<"C++"<<setw(8)<<"总分"<<setw(8)<
<"平均分"<<endl;
        cout<<"--------------------------------------"<<endl;
    for(i=0;i<10;i++)
    {
        cout<<setw(5)<<student[i]. id;
        cout<<setw(12)<<student[i]. name;
        for(j=0;j<4;j++)
            cout<<setw(8)<<student[i]. course[j];
        cout<<setw(8)<<student[i]. sum
            <<setw(8)<<student[i]. average<<endl;
    }
    cout<<"--------------------------------------"<<endl;
    getchar();
}
```

其他函数与此类似。如果将类的定义、成员函数的实现放在头文件中，那么在主函数中要包含该头文件。

第六单元

实验 10　继承和派生

10.1　实验目的和要求

（1）掌握定义派生类的方法；

（2）掌握初始化基类成员的方法；

（3）学习利用虚基类解决二义性问题；

（4）掌握多重继承和派生类的方法。

10.2　相关知识点

10.2.1　继承和派生

单重继承方式下派生类可用如下格式定义：

```
class<派生类名>:[继承方式]<基类名>
{
        派生类成员声明；
};
```

关于继承的几点说明：

（1）派生类自动具有基类的全部数据成员和成员函数；但是，派生类对基类成员的访问有所限制；

（2）派生类可以定义自己新增加的成员：数据成员和成员函数；

（3）基类、派生类或父类、子类都是"相对"的。一个类派生出新的类就是基类。派生类也可以被其他类继承，这个派生类同时也是基类；

（4）构造函数和析构函数是不能继承的，对派生类要重新定义构造函数和析构函数。

10.2.2　类的继承方式

继承方式决定了子类对父类成员的访问权限，有三种继承方式：private、public 和 protected，默认为 private，最常用的是 public。

10.2.3　派生类的构造函数和析构函数

派生类构造函数声明的一般语法形式如下：

<派生类名>::<派生类名>(参数总表):基类名 1(参数表 1),……,基类名 n(参数表 n),
内嵌对象名 1(内嵌对象参数表 1),……,内嵌对象名 m(内嵌对象参数表 m)
{
　　　派生类新增成员的初始化语句；
}

注意：派生类构造函数的执行顺序是：先祖先(基类)，再客人(内嵌对象，如果有的话)，后自己(派生类本身)。而析构函数的执行顺序和构造函数正好严格相反：自身→客人(内嵌对象)→祖先(基类)。

10.2.4　多(重)继承

基类与派生类存在下列四种映射关系：

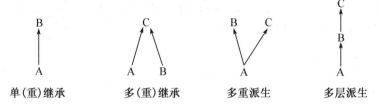

单(重)继承　　　　多(重)继承　　　　多重派生　　　　多层派生

多重继承派生类的声明格式如下：

class<派生类名>:[继承方式]基类名 1,[继承方式]基类名 2,……,[继承方式]基类名 n
{
　　　派生类成员声明；
};

10.2.5　同名覆盖

当派生类与基类中有同名成员时：
(1) 若未强行指明，系统自动认定通过派生类对象访问的是派生类中的成员；
(2) 如要通过派生类对象访问基类中被覆盖的同名成员，应使用基类名限定。

10.2.6　二义性

在多继承时，基类与派生类之间，或基类之间出现同名成员时，将出现访问时的二义性(不确定性)——采用虚函数或支配(同名覆盖)原则来解决。

　　当派生类从多个基类派生,而这些基类又从同一个基类派生,则在访问此共同基类中的成员时,将产生二义性——采用虚基类来解决。

10.2.7　虚基类

　　虚基类用来解决多继承中同名成员的惟一标识问题。虚基类的声明是在派生类的定义过程中声明的,其语法形式如下:

> class<派生类>:virtual[继承方式]<基类名>

　　几点说明:

　　(1) 在第一级继承时就要将共同基类设计为虚基类;

　　(2) 虚基类是对派生类而言,虚基类本身的定义同基类一样,在定义派生类时声明该基类为虚基类即可,就是冠以关键字 virtual;

　　(3) 在整个继承结构中,直接或间接继承虚基类的所有派生类,都必须在构造函数的成员初始化表中给出对虚基类的构造函数的调用。如果未列出,则表示调用该虚基类的缺省构造函数;

　　(4) 在建立对象时,只有最远派生类的构造函数调用虚基类的构造函数,该派生类的其他基类对虚基类构造函数的调用被忽略。

10.3　实验内容

【基础题】

　　(1) 声明一个圆类 circle 和一个桌子类 table,另外声明一个圆桌类 roundtable,它是由 circle 和 table 两个类派生的,要求声明一个圆桌类对象,并输出圆桌的高度、面积和颜色。

　　分析:主函数中要输出圆桌的高度、面积和颜色,可知基类 circle 中数据成员为半径 radius;成员函数主要有构造函数、求面积函数;基类 table 中数据成员为高度 height,成员函数有构造函数、求高度函数;而派生类 roundtable 除继承上述两基类所有成员外,需新增颜色成员并重新定义构造函数。

　　参考程序如下:

```
#include<iostream. h>
#include<string. h>
class circle
{
    double radius;
public:
```

```
        circle(double r){radius＝r;}
        double get_area(){return 3.14 * radius * radius;}
    };
    class table
    {
        double height;
    public：
        table(double h){height＝h;}
        double get_height(){return height;}
    };
    class roundtable:public table,public circle
    {
        char * color;
    public：
        roundtable(double h,double r,char c[]):circle(r),table(h)
        {
            color＝new char[strlen(c)＋1];
            strcpy(color,c);
        }
        char * get_color(){return color;}
    };
    void main()
    {
        roundtable rt(0.8,2.0,"红色");
        cout<<"圆桌数据:"<<endl;
        cout<<"圆桌高度:"<<rt. get_height()<<endl;
        cout<<"圆桌面积:"<<rt. get_area()<<endl;
        cout<<"圆桌颜色:"<<rt. get_color()<<endl;
    }
```

（2）定义一个 rectangle 类，它包含两个数据成员 length 和 width，以及包含用于求长方形面积的成员函数，再定义 rectangle 的派生类 rectangular，它包含一个新数据成员 height 和用来求长方体体积的成员函数。在 main 函数中，使用两个类，求某个长方形的面积和某个长方体的体积。

分析：首先定义长方形 rectangle 类，数据成员为长 length 和宽 width，成员函数主要有构造函数、求面积函数和返回长宽等函数。然后在此基础上派生得到长方体 rectaugular 类，新增一个数据成员高 height，另增加构造函数、求体积等成员函数。参考程序如下：

```
#include<iostream.h>
class rectangle
{
public:
    rectangle(float l,float w)
    {length=l;width=w;}
    float area()
    {return(length * width);}
    float getlength(){return length;}
    float getwidth(){return width;}
private:
    float length;
    float width;
};
class rectangular:public rectangle
{
public:
    rectangular(float l,float w,float h):rectangle(l,w)
    { height=h;}
    float getheight(){return height;}
    float volume(){return area() * height;}
private:
    float height;
};
void main()
{
    rectangle obj1(2,8);
    rectangular obj2(3,4,5);
    cout<<"length="<<obj1.getlength()<<'\t'<<"width="<<obj1.getwidth()<<endl;
    cout<<"rectangle area="<<obj1.area()<<endl;
    cout<<"length="<<obj2.getlength()<<'\t'<<"width="<<obj2.getwidth();
    cout<<'\t'<<"heght="<<obj2.getheight()<<endl;
    cout<<"rectanguar volume="<<obj2.volume()<<endl;
}
```

【提高题】

（3）定义一个日期（年、月、日）类和一个时间（时、分、秒）类，并由这两个类派生出"日期时间"类。主函数完成基类和派生类的测试工作。

分析：定义一个描述日期的类，构造函数完成年、月、日的初始化，包含一个重新设置日

期的成员函数,一个获取日期的成员函数。该类可定义为:

```
class Date
{
    int Year,Month,Day;　//分别存放年、月、日
public:
    Date(int y=0, int m=0,int d=0)
    {
        Year= y; Month = m; Day = d;
    }
    void SetDate(int ,int ,int );
    void GetDate(char * );
};
```

函数 SetDate 完成数据成员的赋初值。函数 GetDate 要将整数年、月、日变换成字符串后,存放到参数所指向的字符串中。把一个整数变换成字符串可通过库函数:"char * _itoa (int a , char * s, int b);"来实现,参数 a 为要变换的整数,b 为数制的基数(如 10,表示将 a 转换为对应的十进制的字符串),转换的结果存放到 s 所指向的字符串中。函数返回变换后的字符串的首指针。该成员函数可以是:

```
void Date::GetDate(char * s)
{
    char t[20];
    _itoa(Year,s,10);            //将年变换为字符串表示
    strcat(s,"/");               //年、月、日之间用"/"隔开
    _itoa(Month,t,10);           //将月变换为字符串表示
    strcat(s,t);                 //将年、月字符串拼接
    strcat(s,"/");
    _itoa(Day,t,10);
    strcat(s,t);                 //将年、月、日拼接成一个字符串
}
```

定义描述时间的类与描述日期的类类同,然后用这二个类作为基类,公有派生出描述日期和时间的类。

完善程序并测试运行。

(4) 设计一个父亲类 father、母亲类 mother 和子女类 child,其主要数据是姓名,子女使用父亲的姓,最后输出子女的姓名和父母姓名。

分析:首先设计好父亲类 father 和母亲类 mother,其中包括保护属性数据成员 fname (姓)、sname(名)。成员函数 getfname()、show()等,分别用于姓氏传递、数据信息显示,还要定义相应的构造函数,用于初始化对象。子女类 child 可从 father 和 mother 类公共派生

得出。在 child 类中,可增加两个私有的 father 类和 mother 类对象的指针 ＊myfather 和 ＊mymother,用于传递父亲和母亲的相关信息。其构造函数可采用形式:"child(father ＆fa,mother ＆mo,char ＊na):myfather(＆fa),mymother(＆mo)",表示分别用参数 fa、mo 的地址 ＆fa 和 ＆mo 为两个新增成员(指针)赋值,使其分别指向对象 fa 和 mo,而在函数体内部,通过 fa.getfname()继承父亲的姓氏,通过参数 na 可取得名字。测试主程序可参考如下代码:

```
void main()
{
    father fa1("陈","国安"),fa2("张","凯");
    mother mo1("王","红"),mo2("刘","莉");
    child ch1(fa1,mo1,"志刚"),ch2(fa2,mo2,"云");
    cout<<"输出结果:"<<endl;
    ch1.show();
    ch2.show();
}
```

完善程序并测试运行。

(5) 编写一个程序实现小型公司的工资管理。该公司主要有四类人员:经理、兼职技术人员、销售员和销售经理。要求存储这些人员的编号、姓名和月工资,计算月工资并显示全部信息。月工资的计算办法是:经理拿固定月薪 8 000 元;兼职技术人员按每小时 100 元领取月薪;销售员按当月销售额的 4％提成;销售经理既拿固定月工资也领取销售提成,固定月工资为 5 000 元,销售提成为所管辖部门当月销售总额的 5‰。

分析:可将四类人员的共同性抽象出来,声明基类 employee(数据成员有职工编号、姓名和工资),在基类 employee 基础上可分别派生出经理类 manager、兼职技术人员类 technician 和销售员类 salesman,而销售经理类 salesmanager 可由经理类 manager 和销售员 sales 共同派生。因两者的共同基类为 employee,则需将 employee 设为虚基类。以上五个类的框架可参考如下:

```
    class employee
    {
protected:
    int no;
    char name[10];
    float salary;
public:
    employee(){//构造函数}
    void pay(){//计算工资}
```

```
    void display(){//显示信息}
    };
    class technician:public employee
    {
private:
    float hourlyrate;
    int workhours;
public:
    technician(){//构造函数}
    void pay(){//计算工资}
    void display(){//显示信息}
    };
    class salesman:virtual public employee
    {
protected:
    float commrate;
    float sales;
public:
    salesman(){//构造函数}
    void pay(){//计算工资}
    void display(){//显示信息}
    };
    class manager:virtual public employee
    {
protected:
    float monthlypay;
public:
    manager(){//构造函数}
    void pay(){//计算工资}
    void display(){//显示信息}
    };
    class salesmanager:public manager,public salesman
    {
public:
    salesmanager(){//构造函数}
    void pay(){//计算工资}
    void display(){//显示信息}
    };
```

完善程序并测试运行。

【综合题】

(6) 假设某商店有如下几种货品:衬衣、帽子、立柜。每一种货物都有与其关联的说明信息。

衬衣:单价、产地、布料;

帽子:单价、产地、布料、样式(平顶或尖顶);

立柜:单价、产地、木料、颜色。

对这些商品的操作有:商品的进库(增加某类商品及其库存量),商品的出库(减少某类商品及其库存量),某类货品总价格的计算。

要求自行设计数据结构,用类的继承与派生关系将上述的各种货品表示出来,并使用类的构造函数来初始化每一类对象的初始数据。而后将上述的商品管理计算机化,完成操作要求的功能,如可进行入库、出库管理及查询等。

提示:

① 设立三个不同的类来描述与处理三种不同的货品。首先注意到上述三种货品数据之间的相互关联关系,可使用 C++基类及其派生类的定义方法,先抽象出("提取"出)如下每一货品都具有的"公有"数据构成一个所谓的基类 base,而后再派生出所需的那三个类。

● base(基)类:单价、产地;

● 由 base 作为基类,派生出 shirt(衬衣)类:增加"布料"数据;

● 而后又由 shirt 类出发(作为基类),派生出 cap(帽子)类:增加"样式"数据;

● 从 base 出发,派生出 wardrobe(立柜)类:增加"木料"与"颜色"数据。

每一类中要设立构造函数以及将对象数据进行输出的函数。

② 设计另一个"上层"类 shirt_storage,用于表示衬衣仓库,存放并处理相关的各衬衣数据(如,库存量 count 以及 count 件衬衣的各自相关数据)。其相关成员函数有:"商品进库"、"商品出库"以及"总价计算"等。注意,该"上层"类 shirt_storage 的数据成员 shelf 为一个数组,该数组由一批"下层"类 shirt 的类对象所构成("大对象"中包含着一批"小对象")。衬衣仓库类 shirt_storage 可参考如下:

```cpp
const int MAXSIZE = 100;
class shirt_storage {                  //衬衣仓库类 shirt_storage
 int count;            //库存量
  shirt shelf[MAXSIZE];                 //衬衣货架 shelf,存放一批衬衣
  public:
  shirt_storage() { count=0; }          //库存量初始化为 0
  void display () {…}                   //显示对象数据
  void in_something(int add_cnt){…}        //商品的进库(增加库存量 count)
  void out_something(int del_cnt){…}       //商品的出库(减少库存量 count)
```

```
    double total_price(){…}              //货品总价格的计算
  };
```

③ 依照上述的衬衣仓库类 shirt_storage,分别声明帽子仓库类 cap_storage 和立柜仓库类 wardrobe_storage。

④ 下面给出上述 7 个有关类定义的程序"构架"。

```
class base          //base 类,为一个基类
{
 double price;          //单价
 char place[20];        //产地
 public:
  base () {…}          //无参构造函数
  base (double pr, char * pl) {…}        //二参构造函数
  void set_base(double pr, char * pl) {…}//按所设数据生成对象
  void display() {…}          //显示 base 类对象的有关数据
  void input() {…}           //输入 base 类对象的有关数据
  double get_price() { return price; }   //获取对象的 price
  char * get_place() { return place; }   //获取对象的 place
};
class shirt:public base   //派生类 shirt(衬衣)
{ char material[20];                //增加"布料"数据
  public:
   shirt():base() {…}         //派生类构造函数,无参
   shirt(double pr, char * pl, char * mat):base (pr,pl)   //派生类构造函数,负责其基类的初始化
     {…}

   void set_shirt(double pr, char * pl, char * mat)   //按所设数据生成派生类对象
   { set_base (pr,pl);…}
   void display () {…}     //显示对象数据
   void input() {…}        //输入对象数据
   char * get_material() { return material; }   //获取对象的 material
};
class cap:public shirt   //派生类 cap(帽子),由 shirt 派生
{
 char style;        //增加"样式"数据(p 或 j)
 public:
  …
```

```
    };
    class wardrobe:public base    //派生类 wardrobe(立柜)
    {
        char material[20];        //增加"木料"数据
        char color[20];           //增加"颜色"数据
        public:
        …
    };
    const int MAXSIZE = 100;
    class shirt_storage        //衬衣仓库类
    {
        int count;      //库存量
        shirt shelf[MAXSIZE];   //衬衣货架
        public:
     …
    };
    class cap_storage       //帽子仓库类
    {
        int count;              //库存量
        cap shelf[MAXSIZE];      //帽子货架
        public:
     …
    };
    class wardrobe_storage       //立柜仓库类
    {
        int count;       //库存量
        wardrobe shelf[MAXSIZE];      //立柜货架
        public:
     …
    };
```

(7) 设计基类 LinkList。用链表结构实现。要求链表类具有以下功能：

① 能够在链表的头尾增加结点；

② 能够记录链表的个数(用静态成员)；

③ 能返回链表中的结点个数；

④ 能查看链表头结点的元素值；

⑤ 能告知链表是否为空；

⑥ 在链表类的构造函数中初始化链表；

⑦ 在链表类的析构函数中释放链表所有元素的空间。

在上面实现的链表类的基础上派生队列类和栈类,要求队列类可以进行元素入队列和出队列操作以及取队列长度操作,栈类可以进行入栈和出栈操作,还可以查看栈顶元素的值。

要求:

① 在队列类中实现一个输出队列内容的函数 printQueue,输出格式为:

Queue head ->0 : 1 : 2 : 3

其中,0、1、2、3 为队列中的元素,0 是队头。

在栈类中实现一个输出栈中内容的函数 printStack,输出格式为:

Stack member:

| 3 |

| 2 |

| 1 |

| 0 |

其中,3、2、1、0 是栈中元素,3 为栈顶元素。

② 用多文件结构实现程序。三个类的定义放在一个头文件中,类的实现放在另一个源文件中。主程序用于测试你所设计的三个类的正确性。测试内容包括:

● 在队列中加入几个元素,用 printQueue()打印队列内容,然后再从队列中取出这些元素,看是否正确。

● 在栈中加入几个元素,用 printStack()打印栈的内容,然后再从栈中取出这些元素,看是否正确。

● 测试取队列长度的函数 getQueueLength()的正确性 。

● 测试判断栈是否为空的函数 empty()的正确性。

提示:

① 链表类的声明框架参考如下:

```
//LinkList. h
class LinkList
{
typedef struct node        //定义链表结点类型
{
int data;
struct node * next;
} ListDataNode;
```

```
//定义链表类型
typedef ListDataNode * ListData;
protected：
int count；//列表中元素的个数
ListData dataLinkHead，dataLinkTail；//表头、表尾指针
static ListCount；//列表个数
public：
LinkList(void)；//构造函数
virtual ～LinkList(void)；//析构函数
void putTail (int newData)；//在表尾加入一个新元素
void putHead (int newData)；//在表头插入一个新元素
int getHead (void)；//从表头取出一个元素
int peekHead(void) ；//查看表头元素的值,假定列表至少有一个元素
bool empty ( )；//检查列表是否空
int getElemCount()；//取列表元素个数
static int getListNumber()；//取列表个数
};
```

② 测试程序可以用如下程序：

```
//main. cpp
＃include <iostream. h>
＃include "linklist. h"
void main()
{
  Queue * q1 = new Queue;
  Stack * s1 = new Stack;
  //输出总的列表数
  cout << "Total Lists:" << LinkList∷getListNumber() << endl;
  //在队列和栈中加入元素
  for (int i = 0; i < 4; i++)
  {
    q1->enQueue(i);
    s1->push(i);
  }
  //输出队列长度和队列中的元素个数
  cout << "Queue length:" << q1->getQueueLength() << endl;
  q1->printQueue();
  //输出栈的内容
```

```
        cout << "Stack top: " << s1->top() << endl;
    s1->printStack();
    //取出队列和栈中的元素
    for (i = 0; i < 4; i++)
{
        q1->delQueue();
        s1->pop();
}
        //输出队列长度
        cout << "Queue length:" << q1->getQueueLength() << endl;
        //检查栈是否为空
        cout << "Stack empty:";
        if (s1->empty())
            cout<<"Yes";
        else
            cout<<"No";
        cout<<endl;
        delete q1;
        delete s1;
        //输出总的列表数
        cout << "Total Lists:" << LinkList::getListNumber() << endl;
}
```

实验 11　多态性与虚函数

11.1　实验目的和要求

（1）理解在类的派生中虚函数的作用；
（2）掌握用成员函数重载运算符的方法；
（3）掌握用友元函数重载运算符的方法；
（4）理解并掌握利用虚函数实现动态多态性和编写通用程序的方法。

11.2　相关知识点

11.2.1　多态性

（1）多态性是面向对象程序的重要特性，是一种实现"一个接口，多种方法"的技术。

（2）按照多态性的呈现状态来划分，多态性可分为重载多态性、继承多态性、运行时多态性和参数多态性四种。

（3）从多态性的实现角度来看，多态性可分为静态多态性和动态多态性两种。静态多态性是指在编译的过程中就已确定具体操作对象，在程序执行时是不可改变的；而动态多态性则是指只有在程序运行时才能确定操作所针对的具体对象，它是一种动态确定过程，是可以随时变更的确定。

（4）函数重载和运算符重载属于静态多态性，而虚函数是通过动态联编完成的，实现了运行时多态性。

11.2.2　联编

（1）按照联编时所处阶段的不同，可以把联编分为静态联编和动态联编，这两种联编过程分别对应着多态性的两种实现方式。

（2）静态联编：在编译阶段由编译系统根据调用函数的操作参数来确定调用哪个同名函数，并将函数调用与该函数体连接起来.

（3）动态联编：只有在运行程序时才能根据函数调用指令来确定将要调用的函数。

11.2.3　运算符重载

1. 运算符重载的规则

(1) C++中的运算符除了少数几个(类属关系运算符".",作用域限定符":"、成员指针运算符"*"、"sizeof"运算符和三目运算符"? :")之外,全部可以重载,而且只能重载已有的运算符,不能臆造新的运算符。

(2) 运算符重载后的功能应当与原有功能类似。

(3) 重新定义的运算符,不改变原运算符的优先级和结合性,也不改变运算符的语法结构,即单目运算不变,双目运算也不变。

(4) 重载运算符的含义必须清楚,不能有二义性。

(5) 操作数至少有一个类的对象。

(6) 重载运算符的两种形式:重载为类的成员函数和重载为类的友元函数。

2. 运算符重载为成员函数

一般语法形式如下:

```
<函数类型>operator<运算符>(形参表)
{ 函数体;}
```

此时函数的参数个数比原来的操作数个数要少一个(后缀"++"、"--"除外)。

3. 运算符重载为类的友元函数

一般语法形式如下:

```
friend<函数类型>operator<运算符>(形参表)
{
    函数体;
}
```

注意:有些运算符不能重载为友元,如"="、"()"、"[]"和"->"。

11.2.4　虚函数

1. 虚函数的定义

虚函数的定义是在基类中进行的。它是在基类中需要定义为虚函数的成员函数的声明中冠以关键字 virtual。

一般虚函数的定义语法如下:

```
virtual<函数类型><函数名>(形参表)
{
    函数体
}
```

注意：

（1）虚函数的声明只能出现在类声明中的函数原型声明中，而不能出现在成员函数体实现的时候。

（2）在派生类中重新定义虚函数时，其函数原型，包括返回类型、函数名、参数个数、参数类型以及参数的顺序都必须与基类中的原型完全相同。

（3）虚函数实现了运行时多态性。

（4）注意虚函数与重载的区别。

2. 虚函数的限制

（1）只有成员函数才能声明为虚函数。

（2）虚函数必须是非静态成员函数。

（3）内联函数不能声明为虚函数。

（4）构造函数不能声明为虚函数。

（5）析构函数可以声明为虚函数。

11.2.5　抽象类

1. 纯虚函数

纯虚函数是指在基类中声明但是没有定义的虚函数，而且设置函数值等于零。

纯虚函数的定义格式如下：

```
virtual <函数类型> <虚函数名称>(<参数列表>)=0
```

注意：纯虚函数只有一个函数声明，并没有具体函数功能的实现。

2. 抽象类

如果一个类至少包含一个纯虚函数，则称为抽象类。

抽象类一般定义格式如下：

```
class <抽象类名>
{
    virtual 函数类型 函数名(参数表)=0;  //纯虚函数
    ……
};
```

注意：

（1）抽象类只能用于其他类的基类，不能建立抽象类对象，即抽象类自身无法实例化。

（2）抽象类不能用作参数类型、函数返回值类型或显式转换的类型。

（3）可以说明指向抽象类的指针或引用，该指针或引用可以指向抽象类的派生类，以访问派生类的成员。

11.3 实验内容

【基础题】

（1）声明一个哺乳动物 mammal 类,再由此派生出 dog 类,二者都定义 speak()成员函数,基类中定义 speak()为虚函数。主程序中分别声明一个 mammal 类和 dog 类的对象,再分别用"对象名.函数名"和指针的形式调用 speak()函数。

分析:首先定义基类 mammal,在此基类中要定义虚函数 speak(),由 mammal 派生出 dog 类,派生类 dog 中要重新定义虚函数 speak()。在 main 中测试时,分别定义基类对象、基类指针和派生类对象。分别通过"对象名.虚函数"的形式和基类指针->虚函数两种形式验证结果。参考程序如下:

```
#include<iostream.h>
class mammal //基类 mammal
{
public:
    virtual void speak(){cout<<"this is a mammal!"<<endl;} //虚函数 speak
};
class dog:public mammal //派生类 dog
{
public:
    void speak(){cout<<"this is a dog!"<<endl;} //重新定义虚函数 speak
    };
    void main()
    {
    mammal m,* ptr; //基类指针 ptr
    dog d;
    m.speak();
    d.speak();
    ptr=&m; //ptr 指向基类对象
    ptr->speak();
    ptr=&d; //ptr 指向派生类对象
    ptr->speak();
    }
```

（2）使用虚函数编写程序,求球体和圆柱体的体积和表面积。

分析:由于球体和圆柱体都可以看做由圆继承而来,所以可以定义圆类 circle 作为基类。在 circle 类中定义一个数据成员 radius 和两个虚函数 area()和 volume()。由 circle 类派生 sphere 类和 column 类。在派生类中对虚函数 area()和 volume()重新定义,分别求球体和圆柱体的体积和表面积。

参考程序如下：

```
#include<iostream. h>
const double PI=3.14;
class circle //基类
{
public：
    circle(double r){radius=r;}
    virtual double area(){return 0.0;} //虚函数 area
    virtual double volume(){return 0.0;} //虚函数 volume
protected：
    double radius;
};
class sphere:public circle //派生类
{public：
sphere(double r):circle(r){}
double area(){return 4.0 * PI * radius * radius;} //重新定义虚函数 area
double volume()
{return 4.0 * PI * radius * radius * radius/3.0;} //重新定义虚函数 volume
};
class column:public circle //派生类
{
public：
    column(double r,double h):circle(r){height=h;}
    double area() //重新定义虚函数 area
    {return 2.0 * PI * radius * (height+radius);}
    double volume() //重新定义虚函数 volume
    {return PI * radius * radius * height;}
private：
    double height;
};
void main()
{circle * p;
sphere sobj(2);
p=&sobj;
cout<<"球体"<<endl;
cout<<"体积="<<p->volume()<<endl;
cout<<"表面积="<<p->area()<<endl;
```

```
column cobj(3,5);
p=&cobj;
cout<<"圆柱体"<<endl;
cout<<"体积="<<p->volume()<<endl;
cout<<"表面积="<<p->area()<<endl;
}
```

（3）定义一个 Time 类用来保存时间（时、分、秒），通过重载操作符"＋"实现两个时间的相加，分别通过重载为成员函数和友元函数两种形式实现。

分析：重载为成员函数的声明形式为：Time operator ＋(Time&)；重载为友元函数的声明形式为：friend Time operator ＋(Time&,Time&)；另外，要注意时间相加时的进位。
参考程序如下：

```
//重载为成员函数
#include <iostream. h>
class Time
{
    public:
        Time(){ hours=0;minutes=0;seconds=0;} //无参构造函数
        Time(int h, int m,int s) //重载构造函数
        {
            hours=h; minutes=m; seconds=s;
        }
        Time operator ＋(Time&); //操作符重载为成员函数,返回结果为 Time 类
        void gettime();
    private:
        int hours,minutes,seconds;
};
Time Time::operator ＋(Time& time)
{
    int h,m,s;
    s=time. seconds+seconds;
    m=time. minutes+minutes+s/60;
    h=time. hours+hours+m/60;
    Time result(h,m%60,s%60);
    return result;
}
void Time::gettime()
{
```

```
            cout<<hours<<":"<<minutes<<":"<<seconds<<endl;
}
void main( )
{
    Time t1(8,51,40),t2(4,15,30),t3;
    t3=t1+t2;
    t3. gettime( );
}
//重载为友元函数
#include <iostream. h>
class Time
{
        public：
            Time(){ hours=0;minutes=0;seconds=0;} //无参构造函数
            Time(int h, int m,int s) //重载构造函数
            {
               hours=h; minutes=m; seconds=s;
            }
            friend Time operator +(Time&,Time&); //重载运算符为友元函数形式
            void gettime( );
        private：
            int hours,minutes,seconds;
};
Time operator +(Time& time1,Time& time2)
{
  int h,m,s;
  s=time1. seconds+time2. seconds; //计算秒数
  m=time1. minutes+time2. minutes+s/60; //计算分数
  h=time1. hours+time2. hours+m/60; //计算小时数
  Time result(h,m%60,s%60);
  return result;
}
void Time∷gettime( )
{
  cout<<hours<<":"<<minutes<<":"<<seconds<<endl;
}
void main( )
{
        Time t1(8,51,40),t2(4,15,30),t3;
```

```
                t3＝t1＋t2;
                t3. gettime( );
        }
```

【提高题】

（5）重载"—"运算符,实现链表的倒置。

分析:首先声明链表类 linklist,成员函数主要有:创建链表、显示链表等,重载运算符可作为类的成员函数,功能是完成链表倒置。主函数中测试即可。其中链表类 linklist 的声明参考如下:

```
    struct num
    {
      int number;
      num ＊ next;
    };
    class linklist
    {
      num ＊ head;
    public:
      linklist(){};
      linklist(int n);
      void display();
      linklist operator －();
    };
```

测试主函数可参考如下:

```
    void main()
    {
      linklist d(5);
      d. display();
      linklist c;
      c＝－d;
      c. display();
    }
```

完善程序并测试运行。

（6）利用虚函数手段,按照三种不同的数据存储方式及其处理方法来实现"反序输出问题",即:从键盘输入 n 个 int 型数据先存储起来(具体 n 值由用户从键盘输入),而后再按照与输入相反的顺序将这些数据显示在屏幕上。

要求通过在基类 baseCla 及其派生类 method1Cla、method2Cla 和 method3Cla 中说明同一个虚函数"virtual void reverseout();",来实现所述问题的三种不同处理方法。

三种处理方法分别是:

① 使用大小为 100 的常界数组存放数据;

② 通过 new 生成大小恰为 n 的动态数组存放数据;

③ 使用指针与链表的实现法。

分析:据题意,需定义基类 baseCla 及三个派生类 method1Cla、method2Cla 和 method3Cla,以上类中均要定义虚函数 virtual void reverseout();最后要定义基类指针及派生类对象,通过虚函数实现调用不同类中的同名方法 reverseout()完成测试。

可参考如下的程序"构架":

```cpp
class baseCla //基类 baseCla
{
protected:      //protected 型的保护数据将"传"给其派生类
  int n;        //共输入并处理 n 个数据
public:
  baseCla(int n0){n=n0;}      //构造函数
  virtual void reverseout()=0;    //虚函数 reverseout,且为纯虚函数,在派生类中需重新定义
};
class method1Cla:public baseCla    //派生类 method1Cla
 {
public:
  virtual void reverseout();    //虚函数 reverseout
 …
};
class method2Cla:public baseCla    //派生类 method2Cla
 {
public:
  virtual void reverseout();
 …
};
class method3Cla:public baseCla //派生类 method3Cla
{
public:
  virtual void reverseout();
 …
};
void f(baseCla * p)   //自定义函数 f,形参 p 为指向基类的指针
{      //其对应实参可为不同派生类对象的地址
```

```
    p—>reverseout()；  //根据 p 值的不同,将调用不同派生类的虚函数
}
```

测试程序可参考如下：

```
void main()
{ int n; cout<<"n=? "; cin>>n;
    method1Cla obj1(n)；//method1Cla 类对象 obj1,将输入并处理 n 个数据
    method2Cla obj2(n)；//method2Cla 类对象 obj2,输入并处理 n 个数据
    method3Cla obj3(n)；//method3Cla 类对象 obj3,同样处理 n 个数据
    cout<<"===== method1Cla ====="<<endl;
    f(&obj1)；   //实参指向 method1Cla 派生类对象,常界数组求解方法
    cout<<"===== method2Cla ====="<<endl;
    f(&obj2)；   //实参指向 method2Cla 派生类对象,动态数组求解方法
    cout<<"===== method3Cla ====="<<endl;
    f(&obj3)；   //实参指向 method3Cla 派生类对象,指针与链表的求解方法
}
```

完善程序并测试运行。

【综合题】

(7) 利用虚函数实现多态性,设计一个通用的双向链表操作程序。链表上每一个结点数据包括：姓名,地址和工资。要求建立一条双向有序链表,结点数据按工资从小到大的顺序排序。

提示：首先定义抽象类 Object,并由其派生出包含题目要求的结点数据。这两个类可参考如下：

```
class Object //定义一个抽象类,用于派生描述结点信息的类
{
public：
    Object(){}                      //缺省构造函数
    virtual int IsEqual(Object &)=0；   //判两个结点是否相等
    virtual void Show()=0；         //输出一个结点上的数据
    virtual int IsGreat(Object &)=0；   //判两个结点的大小
    virtual ~Object(){ }；
};
class MenNode：public Object   //由抽象类派生出描述结点数据的类
{
    char * Name；                    //姓名
    char * Addr；                    //地址
    int Salary；                     //工资
```

```
public:
   MenNode(char n =0, char a=0, iny s =0)
   {                          //完成数据初始化
      if( n==0 ) Name =0;
      else {
          Name = new char [strlen(n)+1];strcpy(Name,n);
      }
      if( a==0 ) Addr =0;
      else {
          Addr = new char [strlen(a)+1];strcpy(Addr,a);
      }
      Salary =s;
   }
   void SetData(char * ,char *, int );   //重新设置结点的数据
   int IsEqual(Object &);         //判两个结点是否相等
   int IsGreat(Object &ob);        //判 ob 结点是否大于当前结点
   ~MenNode( )               //释放动态分配的存储空间
   {
      if(Name) delete [ ] Name; if( Addr) delete [ ] Addr;
   }
   void Show()  //重新定义虚函数
   {   cout <<"姓名:"<< Name<<'\t'<< "地址:"
       <<Addr<<'\t'<<"工资:"<<Salary<<'\n';
   }
};
```

另外,双向链表类 List 参考如下:

```
class Node                      //结点类
{private:
   Object * Info;                   //指向描述结点的数据域
   Node * Prev, * Next;             //用于构成链表的前后向指针
public:
   Node (){ Info=0; Prev=0; Next=0;}
   Node ( Node &node)              //完成拷贝功能的构造函数
   {
          Info=node. Info;Prev=node. Prev;Next=node. Next;
   }
   void FillInfo(Object * obj){Info =obj;}    //使 Info 指向数据域
```

```
    friend class List；                      //定义友元类
};
class List                                  //实现双向链表操作的类
{     Node ＊Head，＊Tail；                   //链表首和链表尾指针
public：
    List(){Head＝Tail＝0；}                  //置为空链表
    ～List(){DeleteList()；}                 //释放链表占用的存储空间
    void AddNode(Node ＊)；                   //在链表尾加一个结点
    Node ＊DeleteNode(Node ＊)；              //删除链表中的一个指定的结点
    Node ＊LookUp(Object &)；                 //在链表中查找一个指定的结点
    void ShowList()；                         //输出整条链表上的数据
    void DeleteList()；                       //删除整条链表
};
```

工程训练 7　学生成绩管理系统（类的继承与派生篇）

在本次训练中涉及的知识点主要包括：定义基类与派生类、友元函数、对象数组的定义等。

Pro 7.1　定义基类

基类 Person 中的数据成员有身份证、姓名、年龄，它们的访问权限是保护性的，可以被派生类继承下来；成员函数有带参数的构造函数，用来给数据成员赋值，显示函数用来显示信息。

基类定义的代码如下。

```
class Person
{
protected：
    int identity；　//身份证
    char name[15]；//姓名
    int age；　//年龄
public：
    Person(int identity_1,char * name_1,int age_1)；
    void DisplayPerson()；
}；
Person：：Person(int identity_1,char * name_1,int age_1)
{
    identity＝identity_1；
    strcpy(name,name_1)；
    age＝age_1；
}
void Person：：DisplayPerson()
{
    cout<<setw(15)<<name
        <<setw(10)<<identity
        <<setw(4)<<age
        <<endl；
}
```

Pro 7.2　定义派生类

定义派生类 Student,公有继承基类,基类中的姓名就被继承下来,身份证和年龄暂时不用;另外再定义 Student 类中新成员,包括学号、四门课成绩、总分、平均分、名次、不及格门数、优秀课程门数、最高分和最低分;成员函数包括构造函数、输出学生的各门课成绩函数、计算每名学生的总分和平均分函数、学生的最高分和最低分函数、统计不及格课程门数和优秀课程门数函数、返回平均分函数;另外包括一个友元函数,完成排序。

定义派生类的代码如下。

```
class Student:public Person
{
private:
    int id;            //学号
    int course[4];   //分别存放数学、语文、英语、C 程序设计
    int sum;          //总分
    double average;   //平均分
    int rank;         //名次
    int failedcount;//不及格门数
    int excellentcount;  //优秀课程门数
    int highestScore;   //最高分
    int lowestScore;    //最低分
public:
    Student(int identity_1,char * name_1,int age_1,int id,int a,int b,int c,int d);   //构造函数
    void outputStudentScore(int options);  //case 2:输出学生的各门课成绩
    void calculateStu_Total_Average();  //case 3:计算每名学生的总分和平均分
    void score_Highest_Lowest();  //学生的最高分和最低分;
    void countStu_Failed_Excellent();  //统计不及格课程门数和优秀课程门数
    double averageReturn();//返回平均分,利用平均分来排序
    friend void sort_By_Average();  //完成排序功能,是该类的友元函数
};
Student::Student(int identity_1,char * name_1,int age_1,int id,int a,int b,int c,int d):Person(i-
dentity_1,name_1,age_1) //派生类构造函数一定要给基类传递参数
{
    this->id=id;course[0]=a,course[1]=b,course[2]=c,course[3]=d;
}
void Student::outputStudentScore(int options) //根据不同选项,输出不同内容
{
    int j;
```

```
switch(options)
{
case 1：    //1.输出学生成绩
        cout<<setw(5)<<id；
        cout<<setw(12)<<name；
        for(j=0;j<4;j++)
                cout<<setw(8)<<course[j]；
        cout<<endl；
        break；
case 2：    //2.输出学生的总分和平均分
        calculateStu_Total_Average()；
        cout<<setw(5)<<id；
        cout<<setw(12)<<name；
        for(j=0;j<4;j++)
                cout<<setw(8)<<course[j]；
        cout<<setw(8)<<sum
                <<setw(8)<<average<<endl；
        break；
case 3：    //3.输出学生的最高分和最低分
        score_Highest_Lowest()；
        cout<<setw(5)<<id；
        cout<<setw(12)<<name；
        for(j=0;j<4;j++)
        {
                cout<<setw(8)<<course[j]；
        }
        cout <<setw(8)<<highestScore
                <<setw(8)<<lowestScore<<endl；
        break；
case 4：    //4.输出学生的不及格课程门数和优秀课程门数
        countStu_Failed_Excellent()；
        cout<<setw(5)<<id；
        cout<<setw(12)<<name；
        for(j=0;j<4;j++)
        {
                cout<<setw(8)<<course[j]；
        }
        cout<<setw(11)<<failedcount
                <<setw(9)<<excellentcount<<endl；
```

```
                break;
        case 5:      //5.按学生平均分的高低排序
                cout<<setw(5)<<rank<<setw(5)<<id;
                cout<<setw(12)<<name;
                for(j=0;j<4;j++)
                        cout<<setw(8)<<course[j];
                cout <<setw(8)<<sum
                        <<setw(8)<<average<<endl;
                break;
        }
}
void Student∷calculateStu_Total_Average()  //计算总分和平均分
{
    int j;
    sum=0;
    for(j=0;j<4;j++)
    {
        sum+=course[j];
    }
    average=sum/4.0;
}
void Student∷score_Highest_Lowest()
{
    int j;
    highestScore=course[0];
    lowestScore=course[0];
    for(j=1;j<4;j++)
    {
        if(highestScore<course[j])
            highestScore=course[j];
        if(lowestScore>course[j])
            lowestScore=course[j];
    }
}
void Student∷countStu_Failed_Excellent()  //计算不及格门数和优秀门数
{
    int j;
    failedcount=0;
    excellentcount=0;
```

```
    for(j＝0;j＜4;j++)
    {
    if(course[j]＜60)
      failedcount++;
    if(course[j]＞＝90)
      excellentcount++;
    }
}
double Student∷averageReturn() //返回平均分,利用平均分来排序
{
    calculateStu_Total_Average();
    return average;
}
```

Pro 7.3　定义数据

定义公共变量对象数组,并对数组初始化。对象数组的初始化与普通数组稍有不同,请仔细阅读,细细品味。虽然基类中的身份证和年龄暂时不用,但在派生类构造函数中必须赋值。

代码如下:

```
Student aa[10]＝{Student(10001,"zhanglili",17,1,67,89,73,56),
                Student(10002,"chenjunwei",18,2,89,65,73,90),
                Student(10003,"fanweiyong",18,3,78,56,87,90),
                Student(10004,"tangjinquan",16,4,68,87,35,59),
                Student(10005,"pengtianyi",18,5,56,87,38,80),
                Student(10006,"liuhao",17,6,83,49,76,90),
                Student(10007,"wuling",17,7,54,67,65,87),
                Student(10008,"sunpeipei",18,8,93,74,48,78),
                Student(10009,"shenhaiyan",19,9,67,87,67,89),
                Student(10010,"tangxueyan",18,10,45,56,78,98)};
```

Pro 7.4　定义友元函数

因为排序函数要访问 Student 类中的名次,所以将其定为友元函数。在 Student 类中声明就可以了。

```
void sort_By_Average()      //按学生平均分的高低排序
    {
```

```
        int i,j;
        for(i=0;i<9;i++)
        {
            for(j=i;j<10;j++)
                if(aa[i]. averageReturn()<aa[j]. averageReturn())
                {
                    Student stutemp(aa[i]);
                    aa[i]=aa[j];
                    aa[j]=stutemp;
                }
            aa[i]. rank=i+1;
        }
        aa[i]. rank=i+1;
}
```

Pro 7.5　定义主函数

主函数定义程序框架和输出格式。

```
#include<iostream. h>
#include<string. h>
#include<stdlib. h>
#include<stdio. h>
#include<iomanip. h>
void main()
{
    int options;
    int i;
    do
    {
        system("cls");      //清屏函数
        cout<<"                 输出学生成绩"<<endl;
        cout<<" ==============================="<<endl;
        cout<<endl;
        cout<<"        1. 输出学生成绩"<<endl;
        cout<<"        2. 输出学生的总分和平均分"<<endl;
        cout<<"        3. 输出学生的最高分和最低分"<<endl;
        cout<<"        4. 输出学生的不及格课程门数和优秀课程门数"<<endl;
        cout<<"        5. 按学生平均分的高低排序"<<endl;
```

```
cout<<"        6. 退出"<<endl<<endl;
cout<<"      ============================="<<endl;
cout<<"        输入选项(1—5)：";
cin>>options;
switch(options)
{
case 1：    //1. 输出学生成绩
        system("cls")；
        cout<<endl;
        cout<<setw(5)<<"学号"<<setw(12)<<"姓名"
            <<setw(8)<<"数学"<<setw(8)<<"语文"
            <<setw(8)<<"英语"<<setw(8)<<"C++"<<endl;
        cout<<"------------------"<<endl;
        for(i=0;i<10;i++)
            aa[i].outputStudentScore(options)；
        cout<<"--------------------------"<<endl;
        getchar()；
        break;
case 2：    //2. 输出学生的总分和平均分
        system("cls")；
        cout<<endl;
        cout<<setw(5)<<"学号"<<setw(12)<<"姓名"
            <<setw(8)<<"数学"<<setw(8)<<"语文"
            <<setw(8)<<"英语"<<setw(8)<<"C++"
            <<setw(8)<<"总分"<<setw(8)<<"平均分"<<endl;
        cout<<"----------------------------------------------------------------"<<endl;
        for(i=0;i<10;i++)
            aa[i].outputStudentScore(options)；
        cout<<"----------------------------------------------------------------"<<endl;
        getchar()；
        break;
case 3：    //3. 输出学生的最高分和最低分
        system("cls")；
        cout<<endl;
        cout<<setw(5)<<"学号"<<setw(12)<<"姓名"
            <<setw(8)<<"数学"<<setw(8)<<"语文"
            <<setw(8)<<"英语"<<setw(8)<<"C++"
            <<setw(8)<<"最高分"<<setw(8)<<"最低分"<<endl;
        cout<<"----------------------------------------------------------------"<<endl;
```

```
          for(i=0;i<10;i++)
                aa[i].outputStudentScore(options);
      cout<<"-------------------------------------------------"<<endl;
      getchar();
      break;
case 4：　//4.输出学生的不及格课程门数和优秀课程门数
      system("cls");
      cout<<endl;
      cout<<setw(5)<<"学号"<<setw(12)<<"姓名"
          <<setw(8)<<"数学"<<setw(8)<<"语文"
          <<setw(8)<<"英语"<<setw(8)<<"C++"
          <<setw(11)<<"不及格门数"<<setw(9)<<"优秀门数"<<endl;
      cout<<"-------------------------------------------------"<<endl;
      for(i=0;i<10;i++)
            aa[i].outputStudentScore(options);
      cout<<"-------------------------------------------------"<<endl;
      getchar();
      break;
case 5：　//5.按学生平均分的高低排序
      system("cls");
      cout<<endl;
      sort_By_Average();
      cout<<setw(5)<<"名次"<<setw(5)<<"学号"<<setw(12)<<"姓名"
          <<setw(8)<<"数学"<<setw(8)<<"语文"
          <<setw(8)<<"英语"<<setw(8)<<"C++"
          <<setw(8)<<"总分"<<setw(8)<<"平均分"<<endl;
      cout<<"-------------------------------------------------"<<endl;
                for(i=0;i<10;i++)
                      aa[i].outputStudentScore(options);
      cout<<"-------------------------------------------------"<<endl;
                }
      getchar();
      break;
      }while(options! =6);
}
```

实验 12 输入输出流

12.1 实验目的和要求

（1）了解 I/O 流类的层次结构；

（2）掌握C++标准输入输出流的用法；

（3）掌握文件流的打开、关闭及使用方法。

12.2 相关知识点

12.2.1 I/O 流

C++语言的数据输入/输出操作包括了三种类型：标准 I/O 流、文件 I/O 流和串 I/O 流。

C++语言为实现数据的输入输出定义了许多复杂的类,这些类都以 ios 为基类,其余都是它的直接或间接派生类。C++系统的 I/O 类库,其所有类被包含在 iostream.h,fstream.h 和 strstrea.h 这三个文件中。

12.2.2 文件流

文件流是 I/O 中非常重要的一个内容,它的输入是指从磁盘文件流向内存,它的输出是指从内存流向磁盘。C++中提供了三个文件流类：ofstream,ifstream,fstream,定义在 fstream.h 头文件中。

12.2.3 文件操作

在进行文件 I/O 操作时,首先执行"打开"操作,使流对象和文件发生联系,建立联系后的文件才允许数据流入或流出,输入或输出结束后,使用关闭操作使文件与流断开联系。

对文件的读写操作通常使用预定义的类成员函数来实现,也可使用继承而来的插入和提取运算符">>"和"<<"来进行。使用的类成员函数主要有：get( )、getline( )、put( )、wirte( )等。

12.2.4　文本文件、二进制文件、随机文件

在文件打开时,若没有定义为以二进制格式打开,则文件打开的默认方式就是以文本格式打开。若在创建读文件流类的文件对象时,用逻辑或的方式加上操作模式 ios::binary,即表示采用二进制格式进行文件流的读/写。

二进制文件不仅支持顺序访问,还支持随机访问。可以用两种方式确定操作的位置:

(1) 流定位,使用 tellg()函数和 tellp()函数获取"读入/输出指针"的当前位置值。

(2) 相对查找,使用 seekg()函数和 seekp()函数获取"读入/输出指针"的当前位置值。

12.2.5　重载输入/输出运算符

可以重载抽取运算符和插入运算符以执行自定义类型的 I/O 操作。

1. 重载">>"运算符

在C++中,">>"运算符称为提取运算符,对它进行重载的函数称为提取符重载函数。这个函数接收流的输入信息。其函数原型格式如下:

istream & operator>> (istream& stream,<类名>&<类引用名>)

其中第一个参数是 istream 类对象的一个引用,即 stream 必须是一个输入流,<类引用名>接收待输入对象的引用。该函数返回 istream 的一个引用 stream。

2. 重载"<<"运算符

在C++中,"<<"运算符称为插入运算符,当重载"<<"运算符用于输出时,相当于创建一个插入符函数。函数原型的格式如下:

ostream& operator<<(ostream&stream,<类名>&<类引用名>)

其中第一个参数是 ostream 类对象的一个引用,即 stream 必须是一个输出流,<类引用名>接收待输出对象的引用。该函数返回 ostream 的一个引用 stream。

12.3　实验内容和步骤

【基础题】

(1) 写出语句,实现下面的功能。

```
#include <iostream. h>
#include<iomanip. h>
  void main()
  {
    char str[20]="hello world!";
    int n=12;
    float f=1.234;
```

```
/ *
1. 输出字符串 str
2. 输出字符串 str 的地址
3. 以科学计数法显示 f
4. 使科学计数法的指数字母以大写输出
5. 以八进制输出 n
6. 输出整数时显示基数
7. 设置显示宽度为 10,填充字符为'*',右对齐方式显示
8. 分别设置精度为 2、3、4 显示 f
9. 按十六进制输入整数,然后按十进制输出
10. 从流中读取 10 个字符到 str,遇到! 字符停止操作
 * /
}
```

分析:根据输出格式控制,可分别写出如下实现语句。

```
cout<<str;
cout<<(long)str;
cout<< setiosflags(ios::scientific)<<f;
cout<< setiosflags(ios::uppercase)<<f;
cout<<oct<<n;
cout<< setiosflags(ios::showbase)<<n;
cout<<setfill('*')<<setw(10)<< setiosflags(ios::right)<<n;
cout<< setprecision(2)<<f;
cout<< setprecision(3)<<f;
cout<< setprecision(4)<<f;
cin>>hex>>n;
cout<<dec<<n;
cin. getline(str,10,'! ');
```

(2) 从输入文件"file. in"中读入文件内容,为每一行加上行号后,输出到输出文件"file. out"中,最后,输出所读文件总的字符数(不包括换行符),要求行号占 5 个字符宽度,且左对齐。其中, 输入文件内容(file. in)为以下若干程序行:

```
#include <iostream. h>
int main()
{
cout << "Hello, world";
return 0;
}
```

要求输出文件内容(file. out)的结果如下：

```
1   #include <iostream. h>
2   int main()
3   {
4   cout << "Hello, world";
5   return 0；
6   }
Total charactors：71
```

分析：可利用 setw 和 setiosflags(ios∷left)来控制行号的输出,利用长为 1000 的字符数组作为缓冲区存放读取的一行内容,利用函数 istream∷getline 进行读取一行的操作。

在 VC 中创建一个独立的文本文件的步骤为：

选择菜单 File|New,在 new 对话框中选择 Files 标签,选择列表中的"Text File",并清除右上角的"Add to Project"复选框,此时其他编辑框都变灰。按 OK 结束创建。在 Developer Studio 的文档显示区会显示一个空白的文档,在上面输入你想要输入的内容,然后选菜单 File|Save,将文件以合适的名字存放到相应的目录即可。

完整的参考程序如下：

```
#include <iostream. h>
#include <fstream. h>
#include <iomanip. h>
#include <string. h>
int main()
{
    ifstream infile("file. in", ios∷in);
    ofstream outfile("file. out", ios∷out);
    //判断文件是否能够打开
    if (! infile || ! outfile)
    {
        cerr << "open file fail" << endl;
        return -1;
    }
    char lineBuf[1000]；//存放从输入文件读入的一行字符
    int lineNumber=1；//记录将要输出行的行号
    int charNumber=0；//记录字符总数
    //每次从输入文件读入一行,加上行号后送到输出文件中
    while (infile. getline(lineBuf,1000))
    {
```

```
        outfile << setw(5) << setiosflags(ios::left) <<lineNumber++;
        outfile << lineBuf << endl;
        charNumber += strlen(lineBuf);
    }
    //输出总的字符数
    outfile << "Total charactors:" << charNumber << endl;
    return 0;
}
```

(3) 编程序,对 k=1,2,3,…,14,15,按下式分别计算出 15 组(i,d,c):整数 i=2∗k−1;实数 d=k∗k+k−9.8;字符 c='H'+k。并通过使用运算符"<<"将这 15 组数据保存到自定义的 text 型磁盘文件 ft. txt 之中;而后再通过使用运算符">>"将上述磁盘文件中的数据读出来并显示到屏幕上。

分析:通过定义流类对象,并使之与自定义磁盘文件相关联,而后按照"打开文件" → "读写操作" → "关闭文件"的步骤来进行具体的读写处理。注意在使用 text 文件来保存数据而且通过运算符"<<"往文件中写出数据时,必须将各数据以空格相分隔(要求写出额外的空格符号! 否则的话,写出的数据会"紧相连"在一起,读入这些数据时将产生错误)。

完整的参考程序如下:

```
#include <fstream. h>
#include <iomanip. h>
void main()
{ ofstream fout("ft. txt");      //打开文本文件(写)
  int i, k; double d; char c;
  for(k=1; k<=15; k++)
{   i=2∗k−1; d=k∗k+k−9.8; c='H'+k;
    fout<<i<<" "<<d<<" "<<c<<" ";      //写出数据
  }
  fout. close();      //关闭文件
  ifstream fin("ft. txt");      //打开文本文件(读)
  cout. flags(ios::fixed);
  cout. precision(1);
  for(k=1; k<=15; k++)
{ fin>>i>>d>>c;      //读入数据
    cout<<"i="<<setw(2)<<i<<", d="<<setw(6)<<d<<", c="<<c<<endl;
  }
  fin. close();      //关闭文件
}
```

（4）定义一个简单复数类 complex,其中要求重载二目运算符"＋"和"－",用于完成复数的加法和减法运算,并重载输入输出运算符"＞＞"和"＜＜",以实现对象数据的输入与输出操作。在主函数中完成测试。

分析:通常以如下样式的友元方式来重载这两个运算符:

friend istream& operator＞＞(istream& in, complex& com);

friend ostream& operator＜＜(ostream& out, complex com);

注意重载的输入输出运算符的返回类型均为引用,为的是可使用返回结果继续作左值,即,使返回结果能起到一个独立对象(变量)的作用,从而可使用像"cout＜＜c1＜＜c2;"以及"cin＞＞c1＞＞c2;"这样的调用语句。

完整的参考程序如下:

```
#include<iostream. h>
class complex //简单复数类 com
{
 double r;          //复数实部
 double i;          //复数虚部
public：
  complex(double r0＝0, double i0＝0);      //二参构造函数
  complex operator ＋ (complex c2);        //复数加法
  complex operator － (complex c2);        //复数减法
  friend istream& operator ＞＞ (istream& in, complex& com);
  //重载运算符"＞＞",从流 in 处输入 complex 类对象数据放入引用形参对象 com 中
  friend ostream& operator ＜＜ (ostream& out, complex com);
  //重载运算符"＜＜",将形参对象 com 之数据输出到流 out 上
};
complex::complex(double r0, double i0) //构造函数
{
  r＝r0;
  i＝i0;
}
complex complex::operator ＋ (complex c2) //复数加法
{
  complex c;
  c. r＝r＋c2. r;
  c. i＝i＋c2. i;
  return c;
}
complex complex::operator － (complex c2)//复数减法
```

```
    {
        complex c;
        c. r=r-c2. r;
        c. i=i-c2. i;
        return c;
    }
    istream& operator >> (istream& in, complex& com)//输入复数
    {
        cout<<"r,i=? ";
        in>>com. r>>com. i;
        return in;        //该句不可少,因为函数的返回类型为引用
    }
    ostream& operator << (ostream& out, complex com) //复数输出
    {
        out<<"("<<com. r<<", "<<com. i<<")"<<endl;
        return out;       //该句不可少,因为函数返回类型为引用
    }
    void main()
    {   complex c1, c2, res;
        cin>>c1>>c2;       //调用"operator >>"对复数进行输入
        cout<<"c1="<<c1;       //调用"operator <<"对复数进行输出
        cout<<"c2="<<c2;
        res = c1 + c2;     //调用"operator +"
        cout<<"res=c1+c2="<<res;
        res = c1 - c2;     //调用"operator -"
        cout<<"res=c1-c2="<<res;
    }
```

【提高题】

（5）设计一个管理图书的简单程序,描述一本书的信息包括:书号,书名,出版社和作者等。提供的基本功能包括:可连续将新书存入文件"book. dat"中,新书信息加入到文件的尾部;也可以根据输入的书名进行查找;把文件"book. dat"中同书名的所有书显示出来。

分析:可以把描述一本书的信息定义为一个 Book 类,它包含必要的成员函数。把加入的新书总是加入到文件尾部,所以,以增补方式打开输出文件。从文件中查找书时,总是从文件开始位置查找,以读方式打开文件。用一个循环语句实现可连续地将新书加入文件或从文件中查找指定的书名。由于是以一个 Book 类的实例进行文件输入输出的,所以,这文件的类型应该是二进制文件。

（6）采用筛选法求 100 以内的所有素数。将所得数据存入文本文件和二进制文件。对

送入文本文件中的素数,要求存放格式是每行 10 个素数,每个数占 6 个字符,左对齐;可用任一文本编辑器将它打开阅读。二进制文件整型数的长度请用 sizeof()来获得,要求可以正序读出,也可以逆序读出(利用文件定位指针移动实现),读出数据按文本文件中的格式输出显示。

　　分析:分别声明输入流对象和输出流对象,采用筛选法求出所有素数后按照规定的格式分别存入文本文件和二进制文件,并可将结果显示在屏幕上。注意逆序输出前,试读看有多少数据时,一旦读到文件结束"eofbit=1",不清 0,后面操作不能进行。

工程训练 8   学生成绩管理系统（输入输出流篇）

对输入输出流进行操作，要加入头文件♯include＜fstream. h＞。此次训练中的主要内容有两点：第一，将工程训练 7 中的公共变量，对象数组的初始化，改为从文件中读取数据，其他不变；第二，从文件中读取数据，然后写入文件中去。

Pro 8.1   从文件中读取数据

在基类中添加一个无参的构造函数，在派生类也添加无参构造函数，将数据成员初始化，整型数据初始化为 0，字符数组初始化为空。

定义公共变量对象数组，添加一个从文件输入数据函数，在主函数调用该函数。在当前工作目录中存放 studentinformation. txt 文件，以便读出数据，如图 7－1 所示。

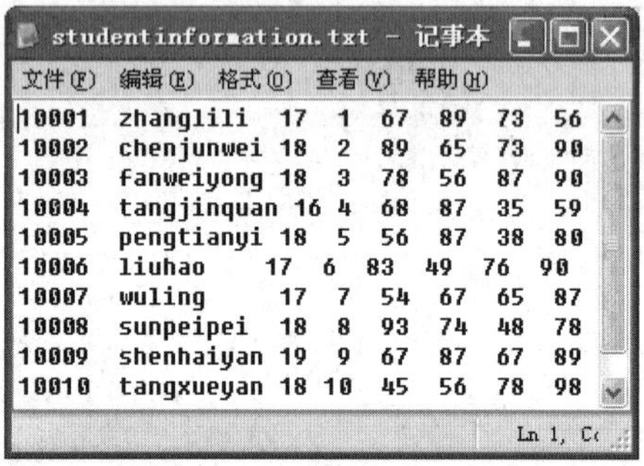

代码如下：

图 7－1   studentinformation. txt 文件中的内容

```
Student aa[10];
void inputFromFile();       //从文件中输入数据
void main()
{

  int options;
  int i;
  inputFromFile();
  do
  {
    ……
  } while(options! ＝6);
}
void inputFromFile()      //从文件中输入数据函数
{
  int i;
  ifstream fin("studentinformation. txt",ios∷in);
```

```
    int identity,age,id,a,b,c,d;
    char name[15];

    for(i=0;i<10;i++)
    {
      fin>>identity;
      fin>>name;
      fin>>age>>id>>a>>b>>c>>d;
      Student stu(identity,name,age,id,a,b,c,d);
      aa[i]=stu;
    }
    fin.close();
}
```

Pro 8.2　数据输出到文件

从文件中读取数据,经过计算后,将结果数据写入到文件中去。

在 Student 类中添加一个成员函数,"void Student::outputFileStudentScore(int options)"功能是输出学生信息到文件中去。在主函数中添加了一个菜单选项"6. 输出学生信息到文件"。文件的打开语句,要在最外面,在全局作用域范围内。

其他语句不变。

执行主菜单中的第 6 选项,得到如图 7-2 所示的效果。

studentinformation2.txt - 记事本

文件(F)　编辑(E)　格式(O)　查看(V)　帮助(H)

名次	学号	姓名	数学	语文	英语	C++	总分	平均分	最高分	最低分	不及格门数	优秀门数
1	2	chenjunwei	89	65	73	90	317	79.25	90	65	0	1
2	3	fanweiyong	78	56	87	90	311	77.75	90	56	1	1
3	9	shenhaiyan	67	87	67	89	310	77.5	89	67	0	0
4	6	liuhao	83	49	76	90	298	74.5	90	49	1	1
5	8	sunpeipei	93	74	48	78	293	73.25	93	48	1	1
6	1	zhanglili	67	89	73	56	285	71.25	89	56	1	0
7	10	tangxueyan	45	56	78	98	277	69.25	98	45	2	1
8	7	wuling	54	67	65	87	273	68.25	87	54	1	0
9	5	pengtianyi	56	87	38	80	261	65.25	87	38	2	0
10	4	tangjinquan	68	87	35	59	249	62.25	87	35	2	0

Ln 1, Col 1

图 7-2　写入 studentinformation 2. txt 中的内容

代码如下:

```
ofstream fout("studentinformation2. txt",ios::out);
void Student::outputFileStudentScore(int options) //输出学生信息到文件中
{
    calculateStu_Total_Average();
    score_Highest_Lowest();
    countStu_Failed_Excellent();
    fout<<setw(5)<<rank;
    fout<<setw(5)<<id;
    fout<<setw(12)<<name;
    for(int j=0;j<4;j++)
        fout<<setw(8)<<course[j];
    fout<<setw(8)<<sum
        <<setw(8)<<average;
    fout<<setw(8)<<highestScore
        <<setw(8)<<lowestScore;
    fout<<setw(11)<<failedcount
        <<setw(9)<<excellentcount;
    fout<<endl;
}
void main()
{

    int options;
    int i;
    inputFromFile();
    do
    {
    system("cls");      //清屏函数
    cout<<"                输出学生成绩"<<endl;
    cout<<"   =============================="<<endl;
    cout<<endl;
    cout<<"     1. 输出学生成绩"<<endl;
    cout<<"     2. 输出学生的总分和平均分"<<endl;
    cout<<"     3. 输出学生的最高分和最低分"<<endl;
    cout<<"     4. 输出学生的不及格课程门数和优秀课程门数"<<endl;
    cout<<"     5. 按学生平均分的高低排序"<<endl;
    cout<<"     6. 输出学生信息到文件"<<endl;
    cout<<"     7. 退出"<<endl<<endl;
```

```
    cout<<"  ==============================="<<endl;
    cout<<"  输入选项(1-7):";
cin>>options;
    switch(options)
    {
    case 1:      //1. 输出学生成绩
             ……
    case 2:      //2. 输出学生的总分和平均分
             ……
    case 3:      //3. 输出学生的最高分和最低分
             ……
    case 4:      //4. 输出学生的不及格课程门数和优秀课程门数
             ……
    case 5:      //5. 按学生平均分的高低排序
             ……
    case 6: //6. 输出学生信息到文件
             sort_By_Average(aa);
             fout<<setw(5)<<"名次"<<setw(5)<<"学号"<<setw(12)<<"姓名"
                 <<setw(8)<<"数学"<<setw(8)<<"语文"
                 <<setw(8)<<"英语"<<setw(8)<<"C++"
                 <<setw(8)<<"总分"<<setw(8)<<"平均分";
             fout<<setw(8)<<"最高分"<<setw(8)<<"最低分";
             fout<<setw(11)<<"不及格门数"
                 <<setw(9)<<"优秀门数"<<endl;
             fout<<"----------------------------"<<endl;
             for(i=0;i<10;i++)
                     aa[i].outputFileStudentScore(options);
             fout<<"----------------------------"<<endl;
             fout.close();
             cout<<"已经写入文件中"<<endl;
             getchar();
             break;
    }
    }while(options! =7);
}
```

第八单元

实验 13　类模板

13.1　实验目的和要求

(1) 熟悉类模板的概念；

(2) 掌握类模板的定义方法；

(3) 掌握类模板的使用方法。

13.2　相关知识点

13.2.1　类模板

类模板为类定义一种模式,使得类中的某些数据成员、某些成员函数的参数、某些成员函数的返回值,能取任意类型(包括系统预定义的和用户自定义的)。类模板体现了C++多态性中的参数多态性。

13.2.2　类模板定义格式

1. 类模板定义格式

```
template ＜class 类属参数 1,class 类属参数 2,……＞
class name
 {
   // 类定义体
 };
```

2. 类中成员函数的实现格式

```
template ＜ class 类属参数 1,class 类属参数 2,……＞
＜返回类型＞＜类名＞＜类型名表＞::＜成员函数 1＞(形参表)
{
   // 成员函数定义体
 }
```

其中,用尖括号括起来的是形式类属参数表,它列出类属类的每个形式类属参数,多个类属参数之间用逗号隔开,每个类属参数由关键字 class 或 typename 引入。

注意:

(1) 类模板不是一个具体的、实际的类,使用时必须首先将其实例化为具体的模板类,然后再通过模板类定义对象。

(2) 与函数模板不同的是:函数模板的实例化是由编译程序在处理函数调用时自动完成的,而类模板的实例化必须由程序员在程序中显式地指定。

(3) 类模板的成员函数既可以在类体内进行说明(自动按内联函数处理),也可以在类体外进行说明(定义),此时类模板的成员函数实际上是一个函数模板。

 ## 13.3　实验内容和步骤

【基础题】

(1) 编写一个使用类模板对数组中元素进行排序和求和的程序。

分析:在模板中完成排序和求和的操作,函数的实现可放在类模板的声明体外面,注意书写的格式,参考程序如下:

```
# include <iostream. h>
template <class T> //类模板
class Array
{
T * set;
int n;
public:
Array(T * data,int i){ set = data; n = i; }
~Array(){}
void sort();
T sum();
void disp();
};
template <class T> //函数模板
void Array<T>::sort()
{
int i,j;
T temp;
for(i=1; i<n; i++)
for(j=n-1; j>=i; j--)
```

```
if(set[j-1]>set[j])
{
temp = set[j-1]; set[j-1] = set[j]; set[j] = temp;
}
}
template <class T> //函数模板
T Array<T>::sum()
{
T s=0;int i;
for(i=0; i<n; i++)
s += set[i];
return s;
}
template <class T> //函数模板
void Array<T>::disp()
{
int i;
for(i=0; i<n; i++)
cout<<set[i]<<" ";
cout<<endl;
}
void main()
{
int a[] = { 6,3,8,1,9,4,7,5,2 };
double b[] = { 2.3,6.1,1.5,8.4,6.7,3.8 };
Array <int>a1(a,9); //创建对象 a1
Array <double>b1(b,6); //创建对象 b1
cout<<"a 数组原序列为:"<<endl;
a1.disp();
a1.sort();
cout<<"排序后:"<<endl;
a1.disp();
cout<<"a 数组元素和为:"<<a1.sum()<<endl<<endl;
cout<<"b 数组原序列为:"<<endl;
b1.disp();
b1.sort();
cout<<"排序后:"<<endl;
b1.disp();
cout<<"b 数组元素和为:"<<b1.sum()<<endl;
}
```

（2）一个 Sample 类模板的私有数据成员为"T n"，在该类模板中设计一个"operator＝
＝"运算符函数，用于比较各对象的 n 数据是否相等，并采用相关数据进行测试。

分析：Sample 类模板的声明可采用如下形式：

```
template <class T>
class Sample
{
  T n;
  public:
    Sample(T i) {n=i;}
    int operator==(Sample &);
      //运算符重载函数,返回值可选取 0 或 1,然后在主函数中进行测试
};
```

参考程序如下：

```
#include<iostream. h>
template <class T>
class Sample
{
  T n;
  public:
    Sample(T i) {n=i;}
    int operator==(Sample &);
};
template <class T>
int Sample<T>::operator==(Sample &s)
{
  if(n==s. n) return 1;
  else return 0;
}
void main()
{
  Sample<int> s1(2),s2(3);
  cout<<"s1 与 s2 的数据成员"<<(s1==s2?"相等":"不相等")<<endl;
  Sample<double> s3(2. 5),s4(2. 5);
  cout<<"s3 与 s4 的数据成员"<<(s3==s4?"相等":"不相等")<<endl;
}
```

【提高题】

（3）定义一个类模板 Stack。其中三个数据成员：length 用来记录堆栈中数据的个数，top 用来指示栈顶位置，数组 s 用来存放堆栈中的数据，以及公有成员函数：Push()函数将数据压入堆栈，Pop()函数弹出栈顶的数据；在主函数中利用类模板定义三个对象，分别用来对 int、double 和 char 类型的数据进行堆栈操作。

分析：经分析可知类模板体中含有 3 个数据成员和 4 个函数成员（构造函数、析构函数以及入栈出栈函数），类模板的声明可参考如下：

```
template <class Type>
class Stack
{
  private:
    int top,length;
    Type * s;
  public:
    Stack(int n)
{
    s=new Type[n];
    length=n;
    top=0;
}
    ~Stack()
    {   delete []s;   }
    void Push(Type);  //入栈操作
    Type Pop();  //出栈操作
};
```

另外，要注意栈满和栈空的异常情况，Push 函数和 Pop 函数中可使用 if 语句进行条件判断对异常情况做相应处理。

补充程序并完成测试。

实验 14　异常处理

14.1　实验目的和要求

(1) 熟悉异常处理机制；

(2) 掌握使用 try、throw 和 catch 语句监视、表明和处理异常。

14.2　相关知识点

14.2.1　异常处理机制的基本思想

　　C++语言异常处理机制的基本思想是将异常的检测与处理分离。当在一个函数体中检测到异常条件存在，但无法确定相应的处理方法时，将引发一个异常，并由函数直接或间接调用检测并处理这个异常。这一基本思想用三个保留字实现：try、throw 和 catch。它们的含义如下：

　　(1) try：标识程序中异常语句块的开始。

　　(2) throw：用来创建用户自定义类型的异常。

　　(3) catch：标识异常处理模块的开始。

14.2.2　语法

　　使用格式如下：

```
try
{
    // try 语句块
}
catch(类型 1 参数 1)
{
    // 针对类型 1 的异常处理
}
...
catch (类型 n　参数 n)
{
    // 针对类型 n 的异常处理
}
```

说明：

（1）try 语句块必须出现在前，catch 紧跟在后。catch 之后的圆括号中必须含有数据类型，捕获是利用数据类型匹配实现的。在 try{…} 和 catch(…){…} 语句之间不得插入任何其他C++语句。

（2）如果程序内有多个异常处理模块，则当异常发生时，系统自动查找与该异常类型相匹配的 catch 模块，查找次序为 catch 出现的次序。

（3）引发异常的 throw 语句必须在 try 语句块内，或是由 try 语句块中直接或间接调用的函数体执行。throw 语句的一般形式为：throw exception;

exception 表示一个异常值，它可以是任意类型的变量、对象或常量。

（4）如果一个异常发生后，系统找不到一个与该错误类型相匹配的异常错误处理模块，则函数 terminate()将被自动调用进行默认处理，默认功能是调用 abort()终止程序的执行。

14.2.3　异常规范

异常规范提供了一种方案，可以随着函数声明列出该函数可能抛出的异常，并保证该函数不会抛出任何其他类型的异常。

例如，如果写成下列形式，函数 f 就只能抛出异常 X 和 Y：

```
void f ( ) throw ( X, Y )
{
    ……
}
```

这里 f 函数所用的后缀 throw（X,Y）称为异常规范，它可以列出任意数量的异常。只有列在其中的异常才能被抛出。如果异常规范为 throw（）表示不会抛出任何异常。如果函数的定义没有异常规范则表示可以抛出任何异常。

另外，如果程序运行时，函数抛出了一个没有被列在它的异常规范中的异常时，系统调用C++标准库中定义的函数 unexpected()。unexpected()函数调用 terminate()，终止整个程序的执行。

14.2.4　标准C++库中的异常类

C++标准库提供了一个异常类层次结构，用来报告C++标准库中的函数执行期间遇到的程序异常情况。这些异常类可以被用在用户编写的程序中，或被进一步派生来描述程序中的异常。

C++标准库中的异常层次的根类为 exception，定义在库的头文件 exception.h 中，它是C++标准库函数抛出的所有异常类的基类。exception 类的定义如下：

```
class exception
{ public:
  exception();                    //默认构造函数
  exception(char *);              //字符串作参数的构造函数
  exception(const exception&);
  exception& operator= (const exception&);
  virtual ~exception();                //虚析构函数
  virtual char * what() const;         //what()虚函数
private:
  char * m_what;
};
```

其中和传递异常最直接有关的函数有两个：

(1) 带参数的构造函数。参数是字符串，一般就是检测到异常后要显示的异常信息；

(2) what()函数。返回值就是构造 exception 类对象时所输入的字符串。可以直接用插入运算符"<<"在显示器上显示。

 ## 14.3　实验内容和步骤

【基础题】

(1) 求解 n 的阶乘，当用户的输入 n 太大时，会出现错误，试编写一个程序，使用异常处理机制来解决这一问题。

分析：编写阶乘函数，每步阶乘运算都进行结果判断，抛出异常，在输出结果时捕获异常并进行处理。参考程序如下：

```
#include<iostream>
using namespace std;
int fac(int n)
{
  int result=1;
  if(n<0) throw "不能计算负数的阶乘"; //输入为负值时,抛出异常
  else if(n==0) return 1;
  while(n>1)
  {
    result * =n;
    if(result<=0) throw result; //溢出时,抛出异常
    n--;
  }
  return result;
```

```
    }
    void main()
    {
      int n;
      cout<<"请输入 n:";
      cin>>n;
      try
      {
        cout<<n<<"! ="<<fac(n)<<endl; //函数调用放入 try 块中
      }
        catch(int)
      {
        cout<<"发生异常:"<<"结果溢出"<<endl;
      }
      catch(const char * s)
      {
        cout<<"发生异常:"<<s<<endl;
      }
    }
```

（2）在前面"类模板"的实验中,第 3 题要求实现堆栈的类模板,Push 函数和 Pop 函数中可使用 if 语句进行条件判断对栈满和栈空的异常情况做相应处理;现在,用 C++异常处理的机制改写程序完成异常处理。

分析:可以定义两个异常类:"栈空异常"类 StackEmptyException 和"栈满异常"类 StackOverflowException。在 try 块中,如果检测到"栈空异常",就 throw 一个 StackEmptyException 类的对象,如果检测到"栈满异常",就 throw 一个 StackOverflowException 类的对象。参考程序如下:

```
    #include <iostream>
    using namespace std;
    class StackOverflowException      //栈满异常类
    {public:
      StackOverflowException() {}
      ~StackOverflowException() {}
      void getMessage()    { cout << "异常:栈满不能入栈。" << endl; }
    };
    class StackEmptyException      //栈空异常类
    {public:
```

```
    StackEmptyException() {}
    ~StackEmptyException() {}
    void getMessage() { cout << "异常:栈空不能出栈。" << endl; }
};
template <class Type>
class Stack
{
    private:
        int top,length;
        Type * s;
    public:
        Stack(int);
        ~Stack()
        {delete []s;}
        void Push(Type);
        Type Pop();
};
template <class Type>
Stack<Type>::Stack(int n)
{
    s=new Type[n];
    length=n;
    top=0;
}
template <class Type>
void Stack<Type>::Push(Type a)
{
    if (top==length)
    {
        throw StackOverflowException();//抛掷对象异常
        return;
    }
    s[top]=a;
    top++;
}
template <class Type>
Type Stack<Type>::Pop()
{
```

```
    if (top==0)
    {
        throw StackEmptyException();    //抛掷另一个对象异常
        return 0;
    }
    top--;
    return s[top];
}
void main()      //带有异常处理的类模板测试程序
{
    Stack<int> s1(10);
    Stack<double> s2(10);
    Stack<char> s3(10);
    try
    {
    s1. Push(11);
    s1. Push(22);
    s1. Push(33);
    cout<<"pop s1:";
    for( int i=0;i<3;i++)cout<<s1. Pop()<<' ';
    cout<<endl;
    s2. Push(1. 1);
    s2. Push(2. 2);
    s2. Push(3. 3);
    cout<<"pop s2:";
    for(i=0;i<3;i++)cout<<s2. Pop()<<' ';
    cout<<endl;
    for( i=0;i<10;i++)s3. Push('A'+i);
    cout<<"pop s3:";
    for(i=0;i<10;i++)cout<<s3. Pop();
    cout<<endl;
    }
    catch (StackOverflowException &e)
    { e. getMessage(); }

    catch (StackEmptyException &e)
    { e. getMessage(); }
}
```

【提高题】

（3）定义一个简单的数组类。在数组类中重载"[ ]"运算符，目的是对数组元素的下标进行检测。如果发现数组元素下标越界，就抛掷一个对象来传递异常。并且要求处理异常时可以显示越界的下标值。

分析：C++提供了一个专门用于传递异常的类：exception 类。可以通过 exception 类的对象来传递异常。该题目可使用 exception 类的对象来传递对象。但是，直接使用 exception 类对象还不能满足题目的要求，因为不能传递越界的下标值。

为此，可以定义一个 exception 类的派生类 ArrayOverflow。其中包含一个数据成员 k。在构造 ArrayOverflow 类对象时，用越界的下标值初始化这个数据 k。在 catch 块中捕获到这个对象后，可以设法显示对象的 k 值。派生类 ArrayOverflow 的定义可参考如下：

```
class ArrayOverflow : public exception    // 定义派生类 ArrayOverfow
{public:
  ArrayOverflow(int i):exception( "数组越界异常！\n" )
  {k＝i;}
  const char ＊ what()      //重新定义的 what()函数
  { cout<<"数组下标"<<k<<"越界\n";
    return exception::what();
  }
private:
  int k;
};
```

补充程序并测试运行。

工程训练 9　学生成绩管理系统(类模板篇)

　　将类设置为模板，使用起来更加方便。四门课程的成绩可以是 int 类型，也可以是 double 类型，通过模版参数设定即可实现。

Pro 9.1　设计类模板

　　将学生类中的四门课程的成绩、总分、最高分和最低分设计为 T 类型。类中的成员函数在类外实现。

```
template <class T>
class Student
{
private:
  int id;          //学号
  char name[15];   //姓名
  T course[4];     //分别存放数学、语文、英语、C 程序设计
  T sum;           //总分
  double average;  //平均分
  int rank;        //名次
  int failedcount; //不及格门数
  int excellentcount; //优秀课程门数
  T highestScore;  //最高分
  T lowestScore;   //最低分
public:
  Student(T id,char * name_1, T a,T b,T c,T d);  //构造函数
  void outputStudentScore(int options);  //case 2：输出学生的各门课成绩
  void calculateStu_Total_Average();  //case 3：计算每名学生的总分和平均分
  void score_Highest_Lowest(); //学生的最高分和最低分；
  void countStu_Failed_Excellent(); //统计不及格课程门数和优秀课程门数
  double averageReturn();//返回平均分,利用平均分来排序
  friend void sort_By_Average(); //完成排序功能,是该类的友元函数
};
```

Pro 9.2　设计函数模板

类模板中的成员函数在类外定义,相当于定义函数模板。

```
template <class T>
Student<T>::Student(T id,char * name_1, T a,T b,T c,T d) //构造函数
{
    this->id=id; strcpy(name,name_1);course[0]=a,course[1]=b,course[2]=c,course[3]
=d;
}
template <class T>
void Student<T>::outputStudentScore(int options) //根据不同选项,输出不同内容
{
    int j;
    switch(options)
    {
    case 1:      //1. 输出学生成绩
        cout<<setw(5)<<id;
        cout<<setw(12)<<name;
        for(j=0;j<4;j++)
            cout<<setw(8)<<course[j];
        cout<<endl;
        break;
    case 2:      //2. 输出学生的总分和平均分
        calculateStu_Total_Average();
        cout<<setw(5)<<id;
        cout<<setw(12)<<name;
        for(j=0;j<4;j++)
            cout<<setw(8)<<course[j];
        cout<<setw(8)<<sum
            <<setw(8)<<average<<endl;
        break;
    case 3:      //3. 输出学生的最高分和最低分
        score_Highest_Lowest();
        cout<<setw(5)<<id;
        cout<<setw(12)<<name;
        for(j=0;j<4;j++)
        {
            cout<<setw(8)<<course[j];
```

```cpp
            }
            cout<<setw(8)<<highestScore
                <<setw(8)<<lowestScore<<endl;
            break;
        case 4://4. 输出学生的不及格课程门数和优秀课程门数
            countStu_Failed_Excellent();
            cout<<setw(5)<<id;
            cout<<setw(12)<<name;
            for(j=0;j<4;j++)
            {
                cout<<setw(8)<<course[j];
            }
            cout<<setw(11)<<failedcount
                <<setw(9)<<excellentcount<<endl;
            break;
        case 5://5. 按学生平均分的高低排序
            cout<<setw(5)<<rank<<setw(5)<<id;
            cout<<setw(12)<<name;
            for(j=0;j<4;j++)
                cout<<setw(8)<<course[j];
            cout<<setw(8)<<sum
                <<setw(8)<<average<<endl;
            break;
    }
}
template <class T>
void Student<T>::calculateStu_Total_Average() //计算总分和平均分
{
    int j;
    sum=0;
    for(j=0;j<4;j++)
    {
        sum+=course[j];
    }
    average=sum/4.0;
}
template <class T>
void Student<T>::score_Highest_Lowest()
{
```

```
    int j;
    highestScore=course[0];
    lowestScore=course[0];
    for(j=1;j<4;j++)
    {
        if(highestScore<course[j])
            highestScore=course[j];
        if(lowestScore>course[j])
            lowestScore=course[j];
    }
}
template <class T>
void Student<T>::countStu_Failed_Excellent()  //计算不及格门数和优秀门数
{
    int j;
    failedcount=0;
    excellentcount=0;
    for(j=0;j<4;j++)
    {
        if(course[j]<60)
            failedcount++;
        if(course[j]>=90)
            excellentcount++;
    }
}
template <class T>
double Student<T>::averageReturn()   //返回平均分,利用平均分来排序
{
    calculateStu_Total_Average();
    return average;
}
void sort_By_Average()      //按学生平均分的高低排序
{
    int i,j;
    for(i=0;i<9;i++)
    {
        for(j=i;j<10;j++)
            if(aa[i].averageReturn()<aa[j].averageReturn())
            {
```

```
                Student<int> stutemp(aa[i]);
                aa[i]=aa[j];
                aa[j]=stutemp;
            }
        aa[i].rank=i+1;
    }
    aa[i].rank=i+1;
}
```

Pro 9.3　类模板实例化

定义学生类模板的对象数组,进行显式实例化。

```
Student<int> aa[10]={
                    Student<int>(10001,"zhanglili",67,89,73,56),
                    Student<int>(10002,"chenjunwei",89,65,73,90),
                    Student<int>(10003,"fanweiyong",78,56,87,90),
                    Student<int>(10004,"tangjinquan",68,87,35,59),
                    Student<int>(10005,"pengtianyi",56,87,38,80),
                    Student<int>(10006,"liuhao",83,49,76,90),
                    Student<int>(10007,"wuling",54,67,65,87),
                    Student<int>(10008,"sunpeipei",93,74,48,78),
                    Student<int>(10009,"shenhaiyan",67,87,67,89),
                    Student<int>(10010,"tangxueyan",45,56,78,98)
                    };
```

Pro 9.4　定义主函数

主函数与前面函数没有区别,头文件与前面相同,这里略。

```
void main()
{
    int options;
    int i;
    do
    {
        system("cls");      //清屏函数
        cout<<"                    输出学生成绩"<<endl;
        cout<<"    =============================="<<endl;
        cout<<endl;
```

```
        cout<<"      1. 输出学生成绩"<<endl;
        cout<<"      2. 输出学生的总分和平均分"<<endl;
        cout<<"      3. 输出学生的最高分和最低分"<<endl;
        cout<<"      4. 输出学生的不及格课程门数和优秀课程门数"<<endl;
        cout<<"      5. 按学生平均分的高低排序"<<endl;
        cout<<"      6. 退出"<<endl<<endl;
        cout<<"    ========================="<<endl;
        cout<<"   输入选项(1-5):";
    cin>>options;
    switch(options)
    {
    case 1:        //1. 输出学生成绩
        system("cls");
        cout<<endl;
        cout<<setw(5)<<"学号"<<setw(12)<<"姓名"
            <<setw(8)<<"数学"<<setw(8)<<"语文"
            <<setw(8)<<"英语"<<setw(8)<<"C++"<<endl;
        cout<<"--------------------------"<<endl;
      for(i=0;i<10;i++)
          aa[i].outputStudentScore(options);
      cout<<"--------------------------"<<endl;
      getchar();
      break;
    case 2:        //2. 输出学生的总分和平均分
        system("cls");
        cout<<endl;
        cout<<setw(5)<<"学号"<<setw(12)<<"姓名"
            <<setw(8)<<"数学"<<setw(8)<<"语文"
            <<setw(8)<<"英语"<<setw(8)<<"C++"
<<setw(8)<<"总分"<<setw(8)<<"平均分"<<endl;
        cout<<"----------------------------"<<endl;
        for(i=0;i<10;i++)
            aa[i].outputStudentScore(options);
        cout<<"----------------------------"<<endl;
        getchar();
        break;
    case 3:        //3. 输出学生的最高分和最低分
        system("cls");
        cout<<endl;
```

```
        cout<<setw(5)<<"学号"<<setw(12)<<"姓名"
            <<setw(8)<<"数学"<<setw(8)<<"语文"
            <<setw(8)<<"英语"<<setw(8)<<"C++"
            <<setw(8)<<"最高分"<<setw(8)<<"最低分"<<endl;
        cout<<"----------------------------"<<endl;
        for(i=0;i<10;i++)
            aa[i].outputStudentScore(options);
        cout<<"----------------------------"<<endl;
        getchar();
        break;
    case 4: //4. 输出学生的不及格课程门数和优秀课程门数
        system("cls");
        cout<<endl;
        cout<<setw(5)<<"学号"<<setw(12)<<"姓名"
            <<setw(8)<<"数学"<<setw(8)<<"语文"
            <<setw(8)<<"英语"<<setw(8)<<"C++"
            <<setw(11)<<"不及格门数"<<setw(9)<<"优秀门数"<<endl;
        cout<<"----------------------------"<<endl;
        for(i=0;i<10;i++)
            aa[i].outputStudentScore(options);
        cout<<"----------------------------"<<endl;
        getchar();
        break;
    case 5: //5. 按学生平均分的高低排序
        system("cls");
        cout<<endl;
        sort_By_Average();
        cout<<setw(5)<<"名次"<<setw(5)<<"学号"<<setw(12)<<"姓名"
            <<setw(8)<<"数学"<<setw(8)<<"语文"
            <<setw(8)<<"英语"<<setw(8)<<"C++"
            <<setw(8)<<"总分"<<setw(8)<<"平均分"<<endl;
        cout<<"----------------------------"<<endl;
        for(i=0;i<10;i++)
            aa[i].outputStudentScore(options);
        cout<<"----------------------------"<<endl;
        getchar();
        break;
    }
}while(options!=6);
}
```

第九单元

实验 15　MFC 文档视图结构

15.1　实验目的和要求

（1）掌握应用 AppWizard EXE 创建 SDI、MDI 和基于对话框的应用程序的方法；

（2）掌握应用 ClassWizard 映射消息的方法；

（3）理解文档、视图和框架的关系，掌握在视类中映射鼠标和键盘消息，在文档中保存对象。

15.2　相关知识点

15.2.1　Windows 应用程序的结构

1. WinMain()

Windows 应用程序都有一个主程序 WinMain()，该程序是 Windows 应用程序的主过程。在 MFC 应用框架下产生的应用程序不用显式写这个函数，系统自动提供。开发人员只需在自己的应用程序对象（该对象是从类 CwinApp 派生的应用程序类的实例）中重载有关应用程序初始化、应用程序退出的函数来使程序按照自己的意愿执行。

WinMain()的执行过程是：调用应用程序对象的 InitInstance 成员函数来初始化应用程序，然后调用它的 Run()成员函数来处理应用程序的消息循环。当程序运行结束时，Run()调用应用程序的 ExitInstance 成员函数来做一些清除工作。

2. CWinApp

所有使用 MFC 类库的应用程序都有且只有一个"应用程序对象"，该对象负责应用程序初始化和退出时的清理工作，并且进行应用级的消息处理。应用程序对象所属的类从 CWinApp 类派生而来。应用程序对象提供初始化应用程序和运行应用程序的成员函数。该对象是整个应用程序创建的第一个对象，在系统调用 WinMain()之前就已经生成，因此必须将该对象声明为全局变量。

3. 消息

用 VC 写出的应用程序是消息驱动的。诸如鼠标单击、敲键盘、窗口移动之类的事件，由 Windows 以消息形式分发给正确的窗口进行处理。在 MFC 中，消息分为窗口消息、命令消息和控件消息三种类型。

VC++中可以接受消息的类都会定义一个消息映射,消息映射的定义自成一体,形式为:

BEGIN_MESSAGE_MAP(类名,父类名)

ON_COMMAND(消息名,处理消息的成员函数名)

……

END_MESSAGE_MAP()

15.2.2　MFC 类库

MFC 类库中包含的类大致可以分为以下几类:

(1) 应用体系结构类。这些类提供应用程序框架,使用 AppWizard 可以自动生成应用程序框架,构成这个框架的类就是从应用体系结构类中的各个类派生出来的。应用体系结构类中包含:应用、线程支持类;文档、视图、框架窗口类;命令路由类。

(2) 文件、数据库类。通过这些类,应用程序可以将信息存放到数据库或文件中。有两大类数据库类:DAO 和 ODBC,它们的功能类似。

(3) 绘图、打印类。Windows 中,所有的图形输出都是送到一个称为 DC(Device Context)的虚拟的绘图区域,MFC 提供了各种类来封装各种类型的 DC 以及 Windows 的绘图工具如位图、刷子、调色板、画笔等。

(4) 窗口、对话框、控制类。CWnd 类是这一分类中的所有类的基类。它们定义了各种类型的窗口。包括框架窗口、视图、对话框、对话框中的各种控制等。

(5) 简单数据类型类。这些类封装了各种常用的简单的数据类型,如绘图坐标(CPoint,CSize,CRect)、字符串(CString)、时间与日期信息(CTime,COleDateTime,CTimeSpan,and COleTimeSpan)等。这些对象通常用做 Windows 类的成员函数的参数。

(6) 数组、表和映象类。这些类用于处理有聚集数据的情形,包括数组、列表和映象(maps)。

(7) 互联网和网络类。这些类提供了利用 ISAPI 或者 Windows Socket 与其他计算机交互的功能。利用这些类,可以编制 Internet 服务程序、网络通讯程序。

(8) OLE 类。OLE 类可以和其他的应用程序框架类一起工作,提供对 ActiveX API 的方便的访问方式。

(9) 调试及异常类。这些类支持对动态内存分配的调试以及异常信息的产生、捕获与传递。

15.2.3　重要的 MFC

(1) CWnd 窗口:它是大多数"看得见的东西"的父类(Windows 里几乎所有看得见的东西都是一个窗口,大窗口里有许多小窗口),比如视图 CView、框架窗口 CFrameWnd、工具条 CToolBar、对话框 CDialog、按钮 CButton，一个例外是菜单(CMenu)不是从窗口派生的。

　　(2) CDocument 文档：负责内存数据与磁盘的交互。最重要的是 OnOpenDocument(读入)，OnSaveDocument(写盘)，Serialize(读写)。

　　(3) CView 视图：负责内存数据与用户的交互。包括数据的显示、用户操作的响应(如菜单的选取、鼠标的响应)。最重要的是 OnDraw(重画窗口)，通常用 CWnd∷Invalidate( )来启动它。另外，它通过消息映射表处理菜单、工具条、快捷键和其他用户消息。许多功能都要加在里面，打交道最多的就是它。

　　(4) CDC 设备文本：无论是显示器还是打印机，都是画图给用户看。这图就抽象为CDC。CDC 与其他 GDI(图形设备接口)一起，完成文字和图形、图像的显示工作。把 CDC想象成一张纸，每个窗口都有一个 CDC 相联系，负责画窗口。CDC 有个常用子类 CClient-DC(窗口客户区)，画图通常通过 CClientDC 完成。

　　(5) CWinApp 应用程序类：似于 C 中的 main 函数，是程序执行的入口和管理者，负责程序建立、消灭，主窗口和文档模板的建立。最常用函数 InitInstance( )：初始化。

　　(6) CGdiObject 及子类：用于向设备文本画图，它们都需要在使用前选进 DC。

　　(7) CPen 笔：画线。

　　(8) CBrush 刷子：填充。

　　(9) CFont 字体：控制文字输出的字体。

　　(10) Cbitmap：位图。

　　(11) Cpalette：调色板。

　　(12) CRgn 区域：指定一块区域可以用于做特殊处理。

　　(13) CFile 文件：最重要的是 Open(打开)，Read(读入)，Write(写)。

　　(14) CString 字符串：封装了 C 中的字符数组，非常实用。

　　(15) CPoint 点：就是(x,y)对。

　　(16) CRect 矩形：就是(left,top,right,bottom)。

　　(17) CSize 大小：就是(cx,cy)对(宽、高)。

15.2.4　三种应用程序框架的异同

　　VC 的 MFC 库支持三种不同的应用程序：单文档界面(SDI)、多文档界面(MDI)和基于对话框的应用程序。

　　SDI 的应用程序只有一个窗口，MDI 的应用程序每次可以读写多个文件或文档，可同时对多个文档进行操作，可以有多个子窗口。使用 AppWizard 创建 SDI 和 MDI 界面的应用程序的过程几乎完全一样，主要差别有：

　　(1) 在创建 SDI 界面的应用程序时，不生成 CChildFrame 类，CMainFrame 类的基类为CframeWnd；应用类的对象由应用框架构造，使用单文档模板类 CSingleDocTemplate 的对象来构造文档模板。

（2）在创建 MDI 界面的应用程序时，CMainFrame 类的基类为 CMDIFrameWnd。应用类的对象同样也由应用框架构造，使用多文档模板类 CMulitDocTemplate 对象来构造文档模板。

（3）基于对话框的应用程序中，首先在函数中生成一个对话框对象，然后再通过 DoModal 函数来调用和显示这个对话框。

15.2.5 文档、视图与框架窗口

MFC 程序框架的核心概念是由文档、视图和框架窗口组成的文档模板。

（1）文档是一个用户可以与之交互（如编辑、阅读）的数据对象，它通过使用文件菜单中的 New 或者 Open 命令创建，通常可以存放在一个文件中。

（2）视图是一个窗口对象，文档的内容显示在这个窗口中，用户也只有通过这个窗口对象才能与一个文档交互。视图对象可以控制用户如何看到文档中的数据以及如何与之交互。一个文档可以有多个视图。

（3）框架窗口提供了视图生存的场所。视图显示在框架窗口内部，框架窗口提供了工具条（以便接受用户命令）和状态条（以便显示文档状态）。

（4）文档模板是用来组织文档、视图和框架窗口之间关系的一个类。它可以控制在一个文档打开时，创建相应的框架窗口和视图来显示文档。

（5）MFC 中提供文档、视图、框架窗口和文档模板的基类，应用程序可以从这些基类派生出自己的类来实现自己的应用逻辑。文档类可以从类 CDocument 派生，视图类可以从类 CView、CScrollView、CEditView 等类派生，框架窗口类可以从类 CFrameWnd（在 SDI 应用中）或者类 CMDIFrameWnd（在 MDI 应用中）派生；文档模板类可以从类 CDocTemplate 派生而来，一种文档模板类控制一类文档的创建和显示。支持多种文档类型的应用需要定义多个文档模板。

15.2.6 文档与视图的相互作用函数

1. CView∷GetDocument 函数

视图对象只有一个与之相联系的文档对象，它所包含的 GetDocument 函数允许应用程序由视图得到与之相关联的文档，该函数返回的是指向文档的指针。

2. CDocument∷UpdateAllViews 函数

如果文档中的数据发生了改变，那么所有的视图都必须被通知到，以便它们能够对所显示的数据进行相应的更新。

3. CView∷OnUpdate 函数

这是一个虚函数。当应用程序调用了 CDocument∷UpdateAllViews 函数时，应用程

序框架就会相应地调用各视图的 OnUpdate 函数。

4．CView∷OnInitialUpdate 函数

当应用程序被启动时，或当用户从"文件"菜单中选择了"新建"或"打开"时，该 CView 虚函数都会被自动调用。用户可以重载此函数对文档所需信息进行初始化操作。

5．CDocument∷OnNewDocument 函数

在文档应用程序中，当用户从"文件"菜单中选择"新建"命令时，框架将首先构造一个文档对象，然后调用该虚函数，在该函数中可以设置文档数据成员初始值。

6．各种对象指针的互调方法

表 9-1　各种对象指针互调方法

所在的类	获取的对象指针	调用的函数	说　明
文档类	视图	GetFirstViewPosition 和 GetNextView	获取第一个和下一个视图的位置
文档类	文档模板	GetDocTemplate	获取文档模板对象指针
视图类	文档	GetDocument	获取文档对象指针
视图类	框架窗口	GetParentFrame	获取框架窗口对象指针
框架窗口类	视图	GetActiveView	获取当前活动的视图对象指针
框架窗口类	文档	GetActiveDocument	获得当前活动的文档对象指针
MDI 主框架类	MDI 子窗口	MDIGetActive	获得当前活动的 MDI 子窗口对象指针

15.2.7　序列化

（1）将文档类中的数据成员变量的值保存到磁盘文件中，或者将存储的文档文件中的数据读取到相应的成员变量中，这个读写称为序列化（Serialize）。

打开和保存文档时，系统都会自动调用 Serialize 函数。MFC AppWizard 在创建文档应用程序框架时已在文档类中重载了 Serialize 函数，通过在该函数中添加代码可达到实现数据序列化的目的。

```
void C*Doc∷Serialize(CArchive& ar)
{
    if (ar.IsStoring())
    {    // TODO: add storing code here }
    else
    {    // TODO: add loading code here }
}
```

函数通过判断 ar. IsStoring()的结果是 TRUE 还是 FALSE 来决定向文档写或读数据。Serialize 函数的参数 ar 是一个 CArcheve 类的引用变量。通过 CArcheve 类可以简化文件操作,它提供<<和>>运算符用于向文件写入简单的数据类型以及从文件中读取它们。

(2) 建立可序列化的类

在 MFC 中,一个可序列化的类必须是 CObject 的一个派生类,且在类声明中,需要包含 DECLARE_SERIAL 宏调用,而在类的实现文件中包含 IMPLEMENT_SERIAL 宏调用,这个宏有三个参数:前两个参数分别表示类名和基类名,第三个参数表示应用程序的版本号。最后还需要重载 Serialize 函数,使该类的数据成员进行相关序列化操作。

15.2.8　基于对话框的应用程序建立流程

(1) 建立应用程序框架;

(2) 放置控件;

(3) 设置控件属性;

(4) 为控件连接变量;

(5) 添加、编写消息处理函数。

15.2.9　单文档应用程序结构

假设建立的单文档工程名称为 Text。打开该项目,可以看出向导为 Text 项目创建了以下几个类:

(1) 应用程序类 CTextApp,应用程序必须的运行入口。

(2) 主框架窗口类 CMainFrame,用来负责窗口的标题栏、菜单、工具栏及状态栏等界面元素的操作。

(3) 文档类 CTextDoc,用来负责文档数据的读取和保存。

(4) 视图类 CTextView 类,用来显示文档,并可响应各种类型的输入(例如键盘输入)以及实现打印预览和打印等。

(5) 还有一个对话框类 CAboutDlg,用来显示该应用程序的版本信息,是一个"关于"对话框。

Visual C++将各个类的声明保存在头文件中,即以. h 为扩展名,而将类的实现代码保存在以. cpp 为扩展名的实现文件中。

多文档应用程序结构与此类似。

【基础题】

(1) 建立对话框应用程序完成如下功能:输入一元二次方程 $ax2+bx+c=0$ 的系数 a、b、c,计算并输出两个根 x1、x2。

分析:使用 MFC AppWizard(exe)创建基于对话框的应用程序,在界面上放置必要的控件,连接变量并编写处理函数。控件放置及添加的变量可参考如图 9-1 所示。

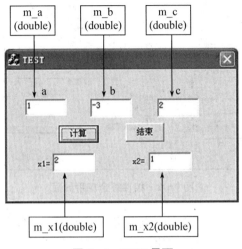

图 9-1　TEST 界面

参考程序如下:

```
void CTESTDlg::OnCalc() //"计算"按钮
{
 UpdateData(TRUE);
 double a=m_a;
 double b=m_b;
 double c=m_c;
 m_x1=(-b+sqrt(b*b-4*a*c))
      /(2*a);
 m_x2=(-b-sqrt(b*b-4*a*c))
      /(2*a);
 UpdateData(FALSE);
}
void CTESTDlg::OnOk() //"结束"按钮
{
 OnOK();
}
```

(2) 建立对话框应用程序,控件布局如下图,要求单击"确定"按钮后,可在列表框中显示选择的信息。

分析:界面中分别放置编辑框、单选复选按钮、组合框及滚动条等控件,给相应的控件添加变量,变量的类型可参考如图 9-2 所示。

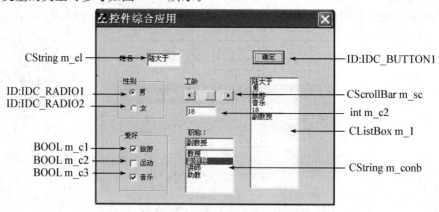

图 9-2　控件综合应用界面

组合框的选项在设计时输入,在初始化的函数中加入以下代码:

```
BOOL CTESTDlg∷OnInitDialog()
{
  ⋮
CheckRadioButton(IDC_RADIO1, IDC_RADIO2, IDC_RADIO1);
m_sc. SetScrollRange(0,30);
m_sc. SetScrollPos(10);
m_e2=10;
UpdateData(FALSE);
  ⋮
}
void CTESTDlg∷OnButton1() //"确定"按钮的消息处理函数
{
UpdateData(TRUE);  //用各控件中的值更新对应的连接变量
m_l. ResetContent();  //删除列表框中所有的内容
m_l. AddString(m_e1);
if(IsDlgButtonChecked(IDC_RADIO1))
  m_l. AddString("男");
else
  m_l. AddString("女");
if (m_c1)m_l. AddString("旅游");
if (m_c2)m_l. AddString("运动");
if (m_c3)m_l. AddString("音乐");
CString s;
```

```
s. Format("%d",m_e2);// m_e2 是 int 类型,将它转换成字符串
m_l. AddString(s);
m_l. AddString(m_conb);
}
```

（3）创建一个 SDI 应用程序,接受用户键盘输入,并在视图窗口中显示,可以实现保存,也可以从文件中读取后显示。

分析:假设工程名称为 MySDI,在文档类 CMySDIDoc 中创建键盘输入存储区,当用户击键时,输入的字符数据将添加到一个字符串中,然后在视图中显示该字符串。为此,需要定义一个字符串变量,假设为 m_strText,类型为 Cstring,并向文档类添加该成员变量。另外,需要重载视图类 CMySDIView 的两个处理函数:OnChar()及 OnDraw()函数。参考程序如下:

```
CMySDIDoc::CMySDIDoc() //在文档类的构造函数中,将该字符串设置为空。
{
  m_strText. Empty();
}
void CMySDIView::OnChar(UINT nChar, UINT nRepCnt, UINT nFlags) //接受键盘输入的函数
{
  CMySDIDoc * pDoc = GetDocument();//获得文档对象指针
  ASSERT_VALID(pDoc);//确保 pDoc 指向当前视图

  pDoc->m_strText+=nChar;//将键入的数据添加到字符串中

  Invalidate();        //强迫调用 OnDraw()函数
  CView::OnChar(nChar, nRepCnt, nFlags);
}
void CMySDIView::OnDraw(CDC * pDC) //显示数据的重画函数

{
  CMySDIDoc * pDoc = GetDocument();
  ASSERT_VALID(pDoc);

  pDC->TextOut(0,0,pDoc->m_strText);
}
```

（4）建立一个多文档应用程序 Ex_Rect,在其中可为同一个文档数据提供两种不同的显示和编辑方式,如下图 9－3 所示。并实现如下功能:在左边的窗格中,用户可以调整小方块在右边窗格的坐标位置。而若在右边窗格中任意单击鼠标,相应的小方块会移动到当前

鼠标位置处,且左边窗格的编辑框内容也随之发生改变。

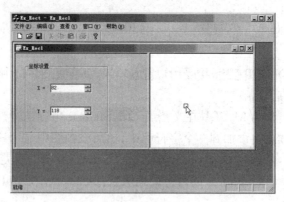

图9-3　多文档应用程序 Ex_Rect 界面

实验步骤参考如下:

【第一步】创建表单应用程序,设计表单。

① 用 MFC AppWizard 创建一个多文档应用程序 Ex_Rect。在第 6 步中将视图的基类选择为 CFormView。

② 打开表单模板资源 IDD_EX_RECT_FORM,调整表单模板大小,并依次添加如表 9-2 所示的控件。

表9-2　添加的控件

添加的控件	ID号	标题	其他属性
编辑框	IDC_EDIT1	——	默认
旋转按钮	IDC_SPIN1	——	自动伙伴(Auto boddy)、Set boddy integer,Alignment Right,其余默认
编辑框	IDC_EDIT2	——	默认
旋转按钮	IDC_SPIN2	——	自动伙伴(Auto boddy)、Set boddy integer,Alignment Right,其余默认

③ 打开 MFC ClassWizard 的 Member Variables 标签,在 Class name 中选择 CEx_RectView,选中所需的控件 ID 号,双击鼠标或单击 Add Variables 按钮。依次为表中的控件添加成员变量,如表 9-3 所示。

表9-3　控件对应的成员变量

控件ID号	变量类型	变量类型	变量名
IDC_EDIT1	Value	int	m_CoorX
IDC_EDIT2	Value	int	m_CoorY
IDC_SPIN1	Control	CSpinButtonCtrl	m_SpinX
IDC_SPIN2	Control	CSpinButtonCtrl	m_SpinY

【第二步】添加 CEx_RectDoc 和 CEx_RectView 类代码

在 CEx_RectDoc 类中添加一个公有型的 CPoint 数据成员 m_ptRect，用来记录小方块的位置。

在 CEx_RectDoc 类的构造函数处添加下列代码：

```
CEx_RectDoc::CEx_RectDoc()
{
  m_ptRect.x = m_ptRect.y = 0;  // 或 m_ptRect = CPoint(0,0)
}
```

打开 MFC ClassWizard 的 Messsage Maps 标签页，为编辑框 IDC_EDIT1 和 IDC_ED-IT2 添加 EN_CHANGE 的消息映射，使它们的映射函数名都设为 OnChangeEdit，并添加下列代码：

```
void CEx_RectView::OnChangeEdit()
{
  UpdateData(TRUE);
  CEx_RectDoc * pDoc = (CEx_RectDoc * )GetDocument();
  pDoc->m_ptRect.x = m_CoorX;
  pDoc->m_ptRect.y = m_CoorY;
  CPoint pt(m_CoorX, m_CoorY);
  pDoc->UpdateAllViews(NULL, 2, (CObject * )&pt);
}
```

① 用 MFC ClassWizard 为 CEx_RectView 添加 OnUpdate 的消息函数，并添加下列代码：

```
void CEx_RectView::OnUpdate(CView * pSender, LPARAM lHint, CObject * pHint)
{
  if (lHint == 1)
    {
      CPoint * pPoint = (CPoint * )pHint;
      m_CoorX = pPoint->x;
      m_CoorY = pPoint->y;
      UpdateData(FALSE);     // 在控件中显示
      CEx_RectDoc * pDoc = (CEx_RectDoc * )GetDocument();
      pDoc->m_ptRect = * pPoint;     // 保存在文档类中的 m_ptRect
    }
}
```

② 在 CEx_RectView::OnInitialUpdate 中添加一些初始化代码：

```
void CEx_RectView∷OnInitialUpdate()
{
  CFormView∷OnInitialUpdate();
  ResizeParentToFit();
  CEx_RectDoc * pDoc = (CEx_RectDoc *)GetDocument();
  m_CoorX = pDoc->m_ptRect. x;m_CoorY = pDoc->m_ptRect. y;
  m_SpinX. SetRange(0, 1024);m_SpinY. SetRange(0, 768);
  UpdateData(FALSE);
}
```

③ 这时编译并运行程序,程序会出现一个运行错误。造成这个错误的原因是因为旋转按钮控件在设置范围时,会自动对其伙伴窗口(编辑框控件)进行更新,而此时编辑框控件还没有完全创建好,因此需要进行一些处理。

【第三步】处理旋转按钮控件的运行错误。

① 为 CEx_RectView 添加一个 BOOL 型的成员变量 m_bEditOK。

② 在 CEx_RectView 构造函数中将 m_bEditOK 的初值设为 FALSE。

③ 在 CEx_RectView∷OnInitialUpdate 函数的最后将 m_bEditOK 置为 TRUE,如下面的代码:

```
void CEx_RectView∷OnInitialUpdate()
{  …
  UpdateData(FALSE);
  m_bEditOK = TRUE;
}
```

④ 在 CEx_RectView∷OnChangeEdit 函数的最前面添加下列语句:

```
void CEx_RectView∷OnChangeEdit()
{
  if (! m_bEditOK) return;
  …
}
```

【第四步】新增 CDrawView 类,添加框架窗口切分功能。

① 用 MFC ClassWizard 为添加一个新的 CView 的派生类 CDrawView。

② 用 MFC ClassWizard 为 CChildFrame 类添加 OnCreateClient 函数的重载,并添加下列代码:

```
BOOL CChildFrame∷OnCreateClient(LPCREATESTRUCT lpcs, CCreateContext * pContext)
{
```

```
    CRect rect;
    GetWindowRect( &rect );
    BOOL bRes = m_wndSplitter. CreateStatic(this, 1, 2);   // 创建两个水平静态窗格
    m_wndSplitter. CreateView(0,0,RUNTIME_CLASS(CEx_RectView), CSize(0,0), pContext);
    m_wndSplitter. CreateView(0,1,RUNTIME_CLASS(CDrawView), CSize(0,0), pContext);
    m_wndSplitter. SetColumnInfo(0, rect. Width()/2, 10);   // 设置列宽
    m_wndSplitter. SetColumnInfo(1, rect. Width()/2, 10);
    m_wndSplitter. RecalcLayout();   // 重新布局
    return bRes;        //CMDIChildWnd::OnCreateClient(lpcs, pContext);
}
```

③ 在 ChildFrm. cpp 的前面添加下列语句：

```
# include "ChildFrm. h"
# include "Ex_RectView. h"
# include "DrawView. h"
```

④ 打开 ChildFrm. h 文件，为 CChildFrame 类添加下列成员变量：

```
public：
    CSplitterWnd m_wndSplitter;
```

⑤ 此时编译，程序会有一些错误。这些错误的出现是基于这样的一些事实：在用标准 C/C++设计程序时，有一个原则即两个代码文件不能相互包含，而且多次包含还会造成重复定义的错误。

⑥ 打开 Ex_RectView. h 文件，在 class CEx_RectView ：public CFormView 语句前面添加下列代码：

```
    class CEx_RectDoc；      // 声明 CEx_RectDoc 类需要再次使用
    class CEx_RectView ：public CFormView
    {…}
```

【第五步】添加 CDrawView 类代码。

① 为 CDrawView 类添加一个公有型的 CPoint 数据成员 m_ptDraw，用来记录绘制小方块的位置。

② 在 CDrawView::OnDraw 函数中添加下列代码：

```
void CDrawView::OnDraw(CDC * pDC)
{
    CDocument * pDoc = GetDocument();
    CRect rc(m_ptDraw. x−5, m_ptDraw. y−5, m_ptDraw. x+5, m_ptDraw. y+5);
```

```
    pDC->Rectangle(rc);      // 绘制矩形,以后还会详细讨论
}
```

③ 用 MFC ClassWizard 为 CDrawView 类添加 OnInitialUpdate 的消息函数,并添加下列代码:

```
void CDrawView::OnInitialUpdate()
{
    CView::OnInitialUpdate();
    CEx_RectDoc * pDoc = (CEx_RectDoc * )m_pDocument;
    m_ptDraw = pDoc->m_ptRect;
}
```

④ 在 DrawView.cpp 文件的前面添加 CEx_RectDoc 类的包含语句:

♯include "Ex_Rect.h"

♯include "DrawView.h"

♯include "Ex_RectDoc.h"

⑤ 用 MFC ClassWizard 为 CDrawView 类添加 OnUpdate 的消息函数,并添加下列代码:

```
void CDrawView::OnUpdate(CView * pSender, LPARAM lHint, CObject * pHint)
{
    if (lHint == 2)
    {
        CPoint * pPoint = (CPoint * )pHint;
        m_ptDraw = * pPoint;
        Invalidate();
    }
}
```

⑥ 用 MFC ClassWizard 为 CDrawView 类添加 WM_LBUTTONDOWN 的消息映射,并添加下列代码:

```
void CDrawView::OnLButtonDown(UINT nFlags, CPoint point)
{
    m_ptDraw = point;
    GetDocument()->UpdateAllViews(NULL, 1, (CObject * )&m_ptDraw);
    Invalidate();      // 强迫调用 CDrawView::OnDraw
    CView::OnLButtonDown(nFlags, point);
}
```

⑦ 编译运行并测试,结果如前面图所示。

【提高题】

（5）请同学们按照下列实验步骤逐步完善 MFC 工程项目。

【第一步】最简单的 MFC 程序。

① 利用 AppWizardEXE 生成单文档程序框架，工程名称为本人名称的字母拼写＋班级。

如：张兵 03－1 班命名为 zhangbing0301

② 修改视图类的 OnDraw 函数，输出姓名、班级。

```
Czhangbing0301View∷OnDraw(CDC * pDC)
{
pDC->TextOut(100,80,"张兵 03－1 班 开始 VC 编程了...");
}
```

③ 编译运行。

【第二步】在视类中与用户交互，在程序中响应鼠标消息。

① 利用 AppWizardEXE 生成单文档程序框架，在向导的第二步中选择单文档，其余缺省设置。程序名称为本人名称的字母拼写＋班级 如：张兵 03－1 班 命名为 zhangbing0301

② 为视类添加数据成员（通过鼠标右键添加属性或者直接添加）。

```
BOOL m_bMouseDown;        //标识鼠标左键是否按下
HCURSOR m_hCross;         //十字型鼠标句柄
HCURSOR m_hArrow;         //标准型鼠标句柄
CPoint m_ptOld;           //临时点
CPoint m_ptStart;         //画线的起始点
```

③ 在视类构造函数中初始化成员变量。

```
CZhangbing0301View∷CZhangbing0301View()
{
```

```
    m_bMouseDown = false;
    m_hCross = AfxGetApp()->LoadStandardCursor(IDC_CROSS);
    m_hArrow = AfxGetApp()->LoadStandardCursor(IDC_ARROW);
}
```

④ 使用 ClassWizard 为视类添加鼠标动作响应函数—WM_LBUTTONDOWN。

```
void CZhangbing0301View∷OnLButtonDown (UINT nFlags, CPoint point)
{
    // TODO: Add your message handler code here and/or call default
    m_bMouseDown = true;        // 鼠标左键按下
    m_ptStart = point;          // 画线的起点
```

```
    m_ptOld = point；              // 临时点
    SetCapture()；                 // 将鼠标消息发送到视窗口
    CRect rect；
    GetClientRect(&rect)；          // 得到客户窗口的大小
    ClientToScreen(&rect)；         // 将当前窗口坐标转换成屏幕坐标
    ClipCursor(&rect)；             // 把鼠标限定在其参数指定的矩形区域内
    SetCursor(m_hCross)；           // 设置鼠标形状为十字形
    CView::OnLButtonDown(nFlags，point)；
}
```

⑤ 为视类添加鼠标动作响应函数—WM_MOUSEMOVE。

```
void CZhangbing0301View::OnMouseMove(UINT nFlags，CPoint point)
{
    // TODO：Add your message handler code here and/or call default
    if( m_bMouseDown )
    {
        CClientDC dc(this)；
        dc. SetROP2( R2_NOT )；
        dc. MoveTo( m_ptStart )；   //这两行代码擦除从起点(鼠标按下点)到
        dc. LineTo( m_ptOld )；     //上次鼠标移动到的位置之间的临时线
        dc. MoveTo( m_ptStart )；   //这两行代码从起点到鼠标当前位置画线
        dc. LineTo( point )；       //
        m_ptOld = point；//鼠标当前位置在下一次鼠标移动事件看来就是"旧位置"
    }
    CView::OnMouseMove(nFlags，point)；
}
```

⑥ 为视类添加鼠标动作响应函数—WM_LBUTTONUP。

```
void CZhangbing0301View::OnLButtonUp(UINT nFlags，CPoint point)
{
    if( m_bMouseDown )
    {
        m_bMouseDown = false；
        ReleaseCapture()；
        ClipCursor( NULL )；
        CClientDC dc(this)；
        dc. SetROP2( R2_NOT )；
        dc. MoveTo( m_ptStart )；     //这两行代码擦除从起点(鼠标按下点)到
```

```
        dc. LineTo( m_ptOld );        //上次鼠标移动到的位置之间的临时线
        dc. SetROP2( R2_COPYPEN );
        dc. MoveTo( m_ptStart );      //这两行代码从起点到鼠标当前位置画线
        dc. LineTo( point );          //
                SetCursor(m_hArrow);      //设置鼠标形状为标准箭头形
    }
    CView::OnLButtonUp(nFlags, point);
}
```

⑦ 编译运行输出结果。

【第三步】在视类中与用户交互,在程序中响应键盘消息。

① 为视类添加数据成员。

```
int m_nLine;                //记录已输入字符行数
CString m_strDisplay;       //保存当前字符串的变量
```

② 在构造函数中初始化成员变量。

```
CZhangbing0301View::CZhangbing0301View()
{
    // TODO: add construction code here
    m_nLine = 0;
    m_bMouseDown = false;
    m_hCross = AfxGetApp()->LoadStandardCursor(IDC_CROSS);
    m_hArrow = AfxGetApp()->LoadStandardCursor(IDC_ARROW);
}
```

③ 为视类添加键盘消息响应函数。

```
void CZhangbing0301View::OnChar(UINT nChar, UINT nRepCnt, UINT nFlags)
{
    if(nChar == VK_RETURN)    //如果按下回车键
    {
        m_strDisplay. Empty();
        m_nLine++;
    }
    else if(m_strDisplay. GetLength() < 64)   //当前行字符数小于 64
        m_strDisplay += nChar;
    CClientDC dc(this);
    TEXTMETRIC tm;
    dc. GetTextMetrics(&tm);
    int nLineHeight = tm. tmHeight + tm. tmExternalLeading;
    dc. TextOut(0, m_nLine * nLineHeight, m_strDisplay);
```

```
    CView∷OnChar(nChar, nRepCnt, nFlags);
}
```

④ 运行查看结果。

【第四步】利用文档类处理数据。

① 添加类 CLine。

```
class CLine ：public CObject
{
public：
    CPoint m_ptStart;
    CPoint m_ptEnd;
    CLine();
    CLine(CPoint pt1, CPoint pt2);
    virtual ~CLine();
    void Draw(CDC * pDC);
};
 CLine∷CLine()
{
}
CLine∷CLine(CPoint pt1, CPoint pt2)
{
    m_ptStart. x = pt1. x;
    m_ptStart. y = pt1. y;
    m_ptEnd. x = pt2. x;
    m_ptEnd. y = pt2. y;
}
CLine∷~CLine()
{
}
void CLine∷Draw(CDC * pDC)
{
    pDC->MoveTo(m_ptStart);
    pDC->LineTo(m_ptEnd);
}
```

② 在文档类中添加保存数据的变量。

```
public：
    CString m_strLastLine;
    CStringList m_strList;
    CPtrList m_LineList;
```

③ 修改视类成员函数 OnButtonUp() 和 OnChar()。

```
void CZhangbing0301View∷OnLButtonUp(UINT nFlags，CPoint point)
{
    if( m_bMouseDown )
    {
        m_bMouseDown = false;
        ReleaseCapture();
        ClipCursor( NULL );
        CClientDC dc(this);
        dc.SetROP2( R2_NOT );
        dc.MoveTo( m_ptStart );
        dc.LineTo( m_ptOld );
        dc.SetROP2( R2_COPYPEN );
        dc.MoveTo( m_ptStart );
        dc.LineTo( point );
        CDocViewDoc * pDoc = GetDocument();        //得到文档类指针
        CLine * pLine = new CLine(m_ptStart,point);   //创建 CLine 对象
        pDoc->m_LineList.AddTail( (void * ) pLine);   //将 pLine 加入到链表中
    }
    SetCursor(m_hArrow);//设置鼠标形状为标准箭头形
    CView∷OnLButtonUp(nFlags, point);
}
void CZhangbing0301View∷OnChar(UINT nChar, UINT nRepCnt, UINT nFlags)
{
    CDocViewDoc * pDoc = GetDocument();
    if(nChar == VK_RETURN)
    {
        pDoc->m_strList.AddTail(m_strDisplay);
        pDoc->m_strLastLine.Empty();
        m_strDisplay.Empty();
        m_nLine++;
    }
    else if(m_strDisplay.GetLength() < 64)
    {
        m_strDisplay += nChar;
        pDoc->m_strLastLine = m_strDisplay;
    }
    CClientDC dc(this);
    TEXTMETRIC tm;
    dc.GetTextMetrics(&tm);
    int nLineHeight = tm.tmHeight + tm.tmExternalLeading;
```

```
    dc. TextOut(0, m_nLine * nLineHeight, m_strDisplay);
    CView::OnChar(nChar, nRepCnt, nFlags);
}
```

④ 在文档类中添加重画直线和重写文本的函数。

```
void CZhangbing0301Doc::DrawLine(CDC * pDC)
{
    CLine * pLine;
    POSITION pos = m_LineList. GetHeadPosition();
    for(; pos ! = NULL; m_LineList. GetNext(pos))
    {
        pLine = (CLine * ) m_LineList. GetAt(pos);
        pLine->Draw(pDC);
    }
}
void CZhangbing0301Doc::DrawText(CDC * pDC)
{
    TEXTMETRIC tm;
    pDC->GetTextMetrics(&tm);
    int nLineHeight = tm. tmHeight + tm. tmExternalLeading;
    CString str;
    int line = 0;
    POSITION pos = m_strList. GetHeadPosition();
    for( ; pos ! = NULL; m_strList. GetNext(pos) )
    {
        str = m_strList. GetAt(pos);
        pDC->TextOut( 0, line * nLineHeight, str );
        line++;
    }
    pDC->TextOut( 0, line * nLineHeight, m_strLastLine );
}
```

⑤ 修改视类成员函数 OnDraw()。

```
void CZhangbing0301View::OnDraw(CDC * pDC)
{
    CDocViewDoc * pDoc = GetDocument();
    ASSERT_VALID(pDoc);
    // TODO: add draw code for native data here
    pDoc->DrawLine(pDC);
    pDoc->DrawText(pDC);
}
```

编译运行以上程序,查看运行结果并理解程序框架及功能代码。

工程训练 10 学生成绩管理系统
（MFC 单文档数据库篇）

在这部分内容中，设计一个简单的单文档管理系统。数据的组织形式是数据库，涉及的内容有数据库的建立、创建数据源、创建 MFC 单文档应用程序、显示数据表等操作。

Pro 10.1　建立数据库

使用 Access 建立数据库，数据库名为 studentinformation. mdb，表名为 studentcj，表的结构如图 9－4 所示。

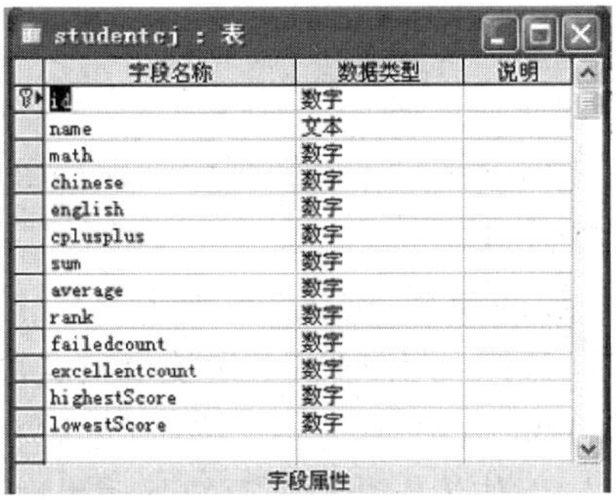

图 9－4　studentcj 中的表结构信息

在 Access 中，字段的数据类型都是数字，数字类型包括长整型、整型、单精度、双精度等。

```
int id;              //学号
int math;            //数学
int chinese;         //语文
int english;         //英语
int cplusplus;       // C++
int sum;             //总分
double average;      //平均分
int rank;            //名次
int failedcount;     //不及格门数
```

```
int excellentcount;        //优秀课程门数
int highestScore;          //最高分
int lowestScore;           //最低分
```

输入表中记录信息，如图 9-5 所示。

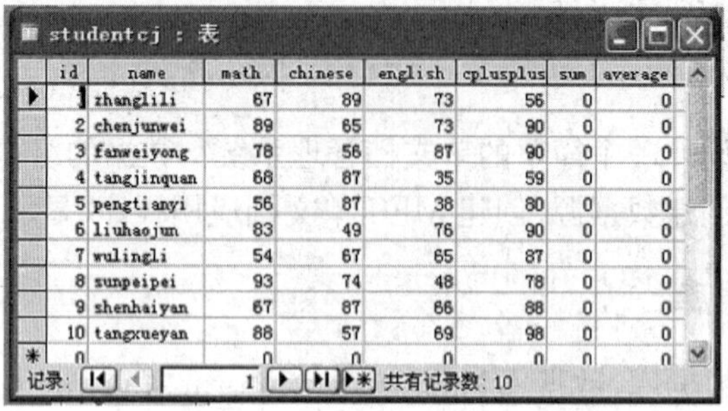

	id	name	math	chinese	english	cplusplus	sum	average
▶	1	zhanglili	67	89	73	56	0	0
	2	chenjunwei	89	65	73	90	0	0
	3	fanweiyong	78	56	87	90	0	0
	4	tangjinquan	68	87	35	59	0	0
	5	pengtianyi	56	87	38	80	0	0
	6	liuhaojun	83	49	76	90	0	0
	7	wulingli	54	67	65	87	0	0
	8	sunpeipei	93	74	48	78	0	0
	9	shenhaiyan	67	87	86	88	0	0
	10	tangxueyan	88	57	69	98	0	0
*	0		0	0	0	0	0	0

图 9-5 studentcj 中的记录信息

Pro 10.2 创建数据源

在 Visual C++6.0 中使用 Access 创建的数据库 studentinformation.mdb，建立它们之间的关联，使用 ODBC 方法建立数据源。

打开 Microsoft Windows 控制面板，双击“管理工具”，双击“数据源(ODBC)”，出现“ODBC 数据源管理器”对话框，选择 “用户 DSN”选项卡，在“用户数据源”列表框中选择名称为“MS Access Database”的选项，单击“添加”按钮，然后在出现的对话框中选择“Microsoft Access Driver(*.mdb)”，作为安装数据源的驱动程序，单击“完成”按钮，出现数据源安装对话框。输入一个数据源名称“学生成绩管理”，该数据源描述填写如下内容：“该数据库用于创建学生成绩管理系统”。单击“选择(S)…”按钮，出现“选择数据库”对话框：选取前面创建的 Access 数据库“studentinformation.mdb”，按“确定”按钮，回到 ODBC 对话框，结束安装过程，在 ODBC 数据源管理器中出现了“学生成绩管理”数据源，按“确定”，完成数据源的创建。

Pro 10.3 创建 MFC 单文档应用程序

在 VC6.0 菜单中，选择“File”下拉菜单中的“New”选项，打开“New”对话框。

单击“Proiects”标签，显示“Projects”属性页。在左侧的列表中选择“MFC AppWizard (exe)”选项，在“Project Name”编辑框中输入“StudentScoreMIS_9”。

单击“OK”按钮进入 AppWizard 创建过程，显示“Step 1”对话框. 选择其中的“Single Document“选项。

单击"Next"按钮，显示"Step 2"对话框，选择其中的"Database view without file support"选项，以保证由 AppWizard 生成查看数据库内容的类。

由于该应用程序只与数据库打交道，而不需要文件支持，故单击"Data Source"按钮，建立应用程序与先前建立的数据源之间的连接。

在打开的"Database Options"对话框的"ODBC"下拉列表框中选择"学生成绩管理"数据源。

单击"OK"按钮，在打开的"Select Database Tables"对话框中，选择 studentcj 表。

单击"OK"按钮，显示"Step 2"对话框，完成"学生成绩管理"数据源中的 studentcj 表与应用程序之间的关联。单击"Next"按钮，显示"Step 3"对话框。

接受缺省选项。单击"Next"按钮，显示"Step 4"对话框。

清除"printing and print Preview"复选框，单击"Next"按钮，显示"Step 5"对话框。单击"Next"按钮，显示"Step 6"对话框。

其他各步接受缺省设置，单击"Finish"按钮。

单击"OK"按钮，AppWizard 创建基本的 StudentScoreMIS_9 应用程序。

现在即可编译、链接后运行该应用程序，在工具栏上有四个在 studentcj 表中移动记录的按钮："首记录"，"前一记录"，"下一记录"，"尾记录"。但未显示实际内容，这是因为在视类中未添加控制项。

Pro 10.4　显示数据表

使用资源编辑器，在工程工作区中选择 Resource View 面板，以显示应用程序的所有资源。

单击文件夹"StudentScoreMIS_9 Resources"前的"＋"号以展开资源树。以同样的方法展开 Dialog 资源文件夹。双击 ID 号为 IDD_STUDENTSCOREMIS_9_FORM 的对话框，以在资源编辑器中打开此对话框。删除静态文本"TODO 在这个对话框里设置表格控件"，在对话框中增加两个 Group Box 静态控件、13 个静态文本控件、13 个编辑框控件，标题分别如下图 9‑6 所示。由于

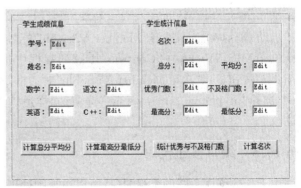

图 9‑6　界面设计图

IDC_ID 编辑框保存的是数据库的主关键字，所以设置为只读属性，表示不可修改。

标签的资源号不用重新设置，13 个文本框和 4 个按钮的资源号如表 9‑4 所示。

表 9 - 4   控件与其对应的资源号

Control IDs	Variable Type	Member variable name
IDC_ID	long	m_id
IDC_NAME	CString	m_name
IDC_MATH	int	m_math
IDC_CHINESE	int	m_chinese
IDC_ENGLISH	int	m_english
IDC_CPLUSPLUS	int	m_cplusplus
IDC_SUM	int	m_sum
IDC_AVERAGE	double	m_average
IDC_RANK	int	m_rank
IDC_FAILEDCOUNT	int	m_failedcount
IDC_EXCELLENTCOUNT	int	m_excellentcount
IDC_HIGHESTSCORE	int	m_highestScore
IDC_LOWESTSCORE	int	m_lowestScore
IDC_calculateStu_Total_Average		
IDC_Score_Highest_Lowest		
IDC_countStu_Failed_Excellent		
IDC_sort_By_Average		

启动 ClassWizard，选择"Member Variable"标签；在"Class name"编辑框中选择 CStudentScoreMIS_9View，在"Controls IDs"列表框中选择控件 IDC_AVERAGE，单击"Add Variable"按钮显示"Add Member Variable"对话框，在"Member Variable Name"下拉列表框中，选择"m_pSet->m_average"选项；同样道理将其他控件分别与数据库中的字段相关联。

Pro 10.5　编写按钮代码

由于与数据库关联的是视窗口，所以由视图处理这些消息。这些按钮的代码相似，以第一个按钮为例详细介绍一下，其他按钮只给出代码。

1. 计算最高分和最低分

"计算最高分和最低分"按钮的代码，操作步骤如下：

（1）启动 ClassWizard 后选择"Message Maps"标签，显示"Message Maps"属性页。

（2）将"Class Name"下拉列表框设置为"CStudentScoreMIS_9View"，在"Object IDs"列表框中单击 IDC_Score_Highest_Lowest。然后在"Messages"列表框中选择"BN_CLICKED"单击命令处理函数，再选择"Add Function..."按钮，弹出 Add Member Function 对话框，就使用默认的函数名，单击 OK，返回；再选择"Edit Code"，进入代码编辑状态。输入下面代码。

```
void CStudentScoreMIS_9View::OnScoreHighestLowest()
{
    int max,min；//用于存放最高分和最低分的临时变量

    m_pSet->MoveFirst()；//移动到第一条记录
    m_pSet->Edit()；//允许编辑
    while(! m_pSet->IsEOF())//如果没到记录尾,就继续计算最高分和最低分
    {
        max=m_pSet->m_math;
        min=m_pSet->m_math;
        if(max<m_pSet->m_chinese)
            max=m_pSet->m_chinese;
        else if(min>m_pSet->m_chinese)
            min=m_pSet->m_chinese;
        if(max<m_pSet->m_english)
            max=m_pSet->m_english;
        else if(min>m_pSet->m_english)
            min=m_pSet->m_english;
        if(max<m_pSet->m_cplusplus)
            max=m_pSet->m_cplusplus;
        else if(min>m_pSet->m_cplusplus)
            min=m_pSet->m_cplusplus;
        m_pSet->m_highestScore=max;
        m_pSet->m_lowestScore=min;
        if (m_pSet->CanUpdate())
            m_pSet->Update();
        else
            MessageBox("记录集不能被更新!");
        m_pSet->MoveNext();
        if(! m_pSet->IsEOF())
            m_pSet->Edit()；//允许编辑
    }
    m_pSet->MoveFirst();
```

```
    UpdateData(FALSE);
}
```

可以编译、运行，单击"计算最高分和最低分"按钮，数据库中的记录就已经修改好了，再进行浏览时，就可以看到每条记录的最高分和最低分。

2. 计算总分平均分

"计算总分平均分"按钮代码如下：

```
void CStudentScoreMIS_9View::OncalculateStuTotalAverage()
{
    m_pSet->MoveFirst(); //移动到第一条记录
    m_pSet->Edit(); //允许编辑
    while(! m_pSet->IsEOF())   //如果没到记录尾,就继续计算总分和平均分
    {
    m_pSet->m_sum=m_pSet->m_math+m_pSet->m_chinese+m_pSet->m_english+m_
pSet->m_cplusplus;
            m_pSet->m_average=m_pSet->m_sum/4.0;
            if (m_pSet->CanUpdate())
              m_pSet->Update();
            else
              MessageBox("记录集不能被更新!");
            m_pSet->MoveNext();
            if(! m_pSet->IsEOF())
                m_pSet->Edit(); //允许编辑
    }
    m_pSet->MoveFirst();
    UpdateData(FALSE);
}
```

3. 统计优秀与不及格门数

"统计优秀与不及格门数"按钮代码如下：

```
void CStudentScoreMIS_9View::OncountStuFailedExcellent()
{
    m_pSet->MoveFirst(); //移动到第一条记录
    m_pSet->Edit(); //允许编辑
    while(! m_pSet->IsEOF()) //如果没到记录尾,就继续计算
    {
      m_pSet->m_excellentcount=0;
      m_pSet->m_failedcount=0;
```

```
    if(m_pSet->m_math>=90)
        m_pSet->m_excellentcount++;
    else if(m_pSet->m_math<60)
        m_pSet->m_failedcount++;
    if(m_pSet->m_chinese>=90)
        m_pSet->m_excellentcount++;
    else if(m_pSet->m_chinese<60)
        m_pSet->m_failedcount++;
    if(m_pSet->m_english>=90)
        m_pSet->m_excellentcount++;
    else if(m_pSet->m_english<60)
        m_pSet->m_failedcount++;
    if(m_pSet->m_cplusplus>=90)
        m_pSet->m_excellentcount++;
    else if(m_pSet->m_cplusplus<60)
        m_pSet->m_failedcount++;
    if (m_pSet->CanUpdate())
        m_pSet->Update();
    else
        MessageBox("记录集不能被更新!");
    m_pSet->MoveNext();
    if(! m_pSet->IsEOF())
        m_pSet->Edit();//允许编辑
    }
    m_pSet->MoveFirst();
    UpdateData(FALSE);
}
```

4. 排序

在 Crecordset 类中有一个数据成员 m_strSort,封装了 ORDERBY 的功能,可以通过设置将该数据成员排序,排序后将排序结果写入字段名次中。"计算名次"按钮代码如下。

```
void CStudentScoreMIS_9View::OnsortByAverage()
{
    int i=0;
    m_pSet->Close();
    m_pSet->m_strSort ="average DESC";   //按平均分降序排序
    m_pSet->Open();
    m_pSet->MoveFirst();//移动到第一条记录
```

```
    m_pSet->Edit();  //允许编辑
    while(! m_pSet->IsEOF())   //如果没到记录尾,就继续移动记录
    {
      i++;
      m_pSet->m_rank=i;
      if (m_pSet->CanUpdate())
        m_pSet->Update();
      else
        MessageBox("记录集不能被更新!");
      m_pSet->MoveNext();
      if(! m_pSet->IsEOF())
        m_pSet->Edit(); //允许编辑
    }
    m_pSet->MoveFirst();
    UpdateData(FALSE);
  }
```

编译、运行,全部按钮都运行后的界面,如图 9-7 所示。计算后的数据已经写入数据库中,下次再重新运行时,数据依然存在。

Pro 10.6　创建菜单

借助 CrecordView 类和 Crecordset 类,在数据库中实现增加或删除记录等功能。创建"编辑"菜单,里面有"增加记录"、"清空字段"、"删除记录"、"更新记录"功能。

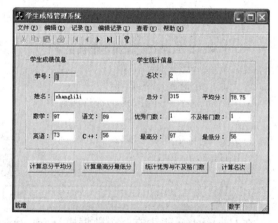

图 9-7　系统运行后的界面

1. 设计菜单

在工程工作区中选择 Resource View 面板,展开"Menu"资源,双击 ID 为 IDR_MAIN-FRAME 的资源,打开菜单编辑器。

将最后的空白菜单项移动到记录菜单的后面,在空白项位置单击右键,在弹出的 Menu Item Properties 单中的"Caption"编辑框中输入"编辑(&E)"。

单击"编辑"打开该菜单,双击下面的空白菜单项。在弹出的 Menu Item Properties 单中的"ID:"编辑框中输入"ID_RECORD_ADD",在标题编辑框内输入"增加记录(&A)",在提示信息"Prompt:"编辑框内输入"增加一个记录"。以同样方法增加其他三个菜单命令,

其 ID 值、标题和提示见表 9-5。

表 9-5 菜单命令中的 ID 值、标题和提示

菜单命令	命令 ID	标 题	提 示
增加记录	ID_RECORD_ADD	增加记录(&A)	增加一个记录
清空字段	ID_RECORD_CLEARFIELDS	清空字段(&C)	清空字段内容
删除记录	ID_RECORD_DELETE	删除记录(&D)	删除一个记录
更新记录	ID_RECORD_UPDATE	更新记录(&U)	更新记录

2. 设计菜单命令消息

与数据库关联的是视图窗口,由视处理这些消息。

(1) 启动 ClassWizard 后选择"Message Maps"标签,显示"Message Maps"属性页。

(2) 将"Class Name"下拉列表框设置为"CStudentScoreMIS_9View",在"Object IDs"列表框中单击 ID_RECORD_ADD。然后在"Messages"列表框中双击"COMMAND"增加命令处理函数,显示"Add Member Function"对话框。单击"OK"按钮,接收命令处理函数的缺省名称,函数名称将显示在 ClassWizard 对话框底部的"Member functions"列表框中。在"Messages"列表框中双击"UPDATE_COMMAND_UI"增加命令更新处理函数。

(3) 以同样的方法增加其他命令处理函数和命令更新处理函数,见表 9-6。

表 9-6 菜单命令与处理函数

菜单命令	命令 ID	命令处理函数	命令更新处理函数
增加记录	ID_RECORD_ADD	OnRecordAdd	
清空字段	ID_RECORD_CLEARFIELDS	OnRecordClearfields	
删除记录	ID_RECORD_DELETE	OnRecordDelete	OnUpdateRecordDelete
更新记录	ID_RECORD_UPDATE	OnRecordUpdate	OnUpdateRecordUpdate

(4) 单击"OK"按钮关闭"ClassWizard"对话框。

3. 增加记录消息代码

在 CStudentScoreMIS_9View 类中增加一个 BOOL 类型的保护成员变量 m_bAdding。然后在 CStudentScoreMIS_9View 构造函数中初始化变量 m_bAdding:

    m_bAdding = FALSE;

编辑函数 OnRecordAdd( ):

```
void CStudentScoreMIS_9View∷OnRecordAdd()
{
  m_pSet->AddNew();
  m_bAdding = TRUE;
  CEdit * pCtrl = (CEdit *)GetDlgItem(IDC_ID);// 将第一个字段改为可读写
  int result = pCtrl->SetReadOnly(FALSE);
  UpdateData(FALSE);
}
```

程序运行中,当用户移动一个数据库记录时,将调用虚函数 Crecordset∷OnMove 以更新数据库。重载该虚函数,在 ClassView 中,在 CStudentScoreMIS_9View 单击右键,在快捷菜单中选择"Add Virtual Function...",在出现的"New Virtual Override for class CStudentScoreMIS_9View"对话框中选择"OnMove"和"DoDataExchange",单击"Add and Edit"按钮,进入代码编辑。

```
BOOL CStudentScoreMIS_9View∷OnMove(UINT nIDMoveCommand)
{
  if (m_bAdding)
  {
    m_bAdding = FALSE;
    UpdateData(TRUE);
    if (m_pSet->CanUpdate())
      m_pSet->Update();
    if (! m_pSet->IsEOF())
      m_pSet->MoveLast();
    m_pSet->Requery();
    UpdateData(FALSE);
    CEdit * pCtrl = (CEdit *)GetDlgItem(IDC_ID);// 将第一个字段恢复为只读
    pCtrl->SetReadOnly(TRUE);
    return CRecordView∷OnMove(nIDMoveCommand);
  }
  else
  {
    switch (nIDMoveCommand)
    {
    case ID_RECORD_PREV:
      m_pSet->MovePrev();
      if(! m_pSet->IsBOF())
          break;
    case ID_RECORD_FIRST:
      m_pSet->MoveFirst();
```

```
                break；
            case ID_RECORD_NEXT：
              m_pSet->MoveNext()；
              if（! m_pSet->IsEOF()）
                    break；
              if（! m_pSet->CanScroll()）
              {
                    m_pSet->SetFieldNull(NULL)；
                    break；
              }
            case ID_RECORD_LAST：
              m_pSet->MoveLast()；
              break；
            default：
              ASSERT(FALSE)；
          }
          UpdateData(FALSE)；// 显示移动操作的结果
          return TRUE；
      }
  }
```

编译、运行，选择"编辑"菜单中的"增加记录"，就会出现空白记录，输入学号、姓名、数学、语文、英语、C++等信息，其他信息填写 0，可以用下面的按钮实现计算，另外注意的是学号是主键，不可以重复。填写信息后，单击移动记录进行刷新，就会看到数据库中已经添加了一条新记录。

4. 删除记录消息代码

在工程工作区的"ClassView"面板中，双击"CStudentScoreMIS_9View"类中的 OnRecordDelete()函数，然后在主工作区中编辑。编辑后的函数：

```
      void CStudentScoreMIS_9View：：OnRecordDelete()
      {
        try
        {
                m_pSet->Delete()；//删除当前记录
        }
        catch（CDBException * e）//如果删除不成功
        {
          AfxMessageBox(e->m_strError)；//显示出错信息
          e->Delete()；
          m_pSet->MoveFirst()；
```

```
    UpdateData(FALSE);
    return;
  }
 if (m_pSet->IsEOF())
   m_pSet->MoveLast();
 if (m_pSet->IsBOF())
   m_pSet->SetFieldNull(NULL);
 UpdateData(FALSE);


}
void CStudentScoreMIS_9View::OnUpdateRecordDelete(CCmdUI * pCmdUI)
{
 pCmdUI->Enable(! m_pSet->IsEOF());
}
```

5. 清空字段消息代码

```
void CStudentScoreMIS_9View::OnRecordClearfields()
{
 m_pSet->SetFieldNull(NULL);
 CEdit * pCtrl = (CEdit * )GetDlgItem(IDC_ID); // 将第一个字段改为可读写
 int result = pCtrl->SetReadOnly(FALSE);
 UpdateData(FALSE);
}
```

6. 更新记录消息代码

```
void CStudentScoreMIS_9View::OnRecordUpdate()
{
    m_pSet->Edit();
    UpdateData(TRUE);
    if (m_pSet->CanUpdate())
    {
      m_pSet->Update();
    }
    CEdit * pCtrl = (CEdit * )GetDlgItem(IDC_ID);// 将第一个字段恢复为只读
    pCtrl->SetReadOnly(TRUE);
    UpdateData(FALSE);
}
void CStudentScoreMIS_9View::OnUpdateRecordUpdate(CCmdUI * pCmdUI)
{
 pCmdUI->Enable (! m_pSet->IsEOF());
}
```

这里的"清空字段"和"更新记录"合在一起,相当于对某一条记录进行修改。先对某一条记录各个字段进行清空,然后在界面重新输入数据,再选择"更新记录",那么这条记录就被新数据修改了。到现在为止,菜单的所有代码都写好了,可以编译、运行,测试结果。

执行编辑菜单中的"增加记录",如图 9-8 所示。

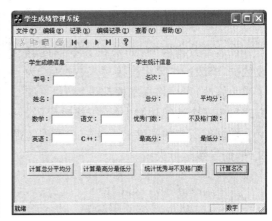

图 9-8 执行增加记录界面	图 9-9 输入数据

在文本框内,输入数据,如图 9-9 所示。

单击移动记录进行刷新,然后再单击下面四个按钮,系统会计算学生的统计信息,如图 9-10 所示。

图 9-10 计算统计信息	图 9-11 清空字段界面

下面选择学号为 12 的 yuchangli 同学进行操作,选择"编辑记录"菜单中的"清空字段",功能,将当前记录信息清空,如图 9-11 所示。

输入信息,如下图 9-12 所示。

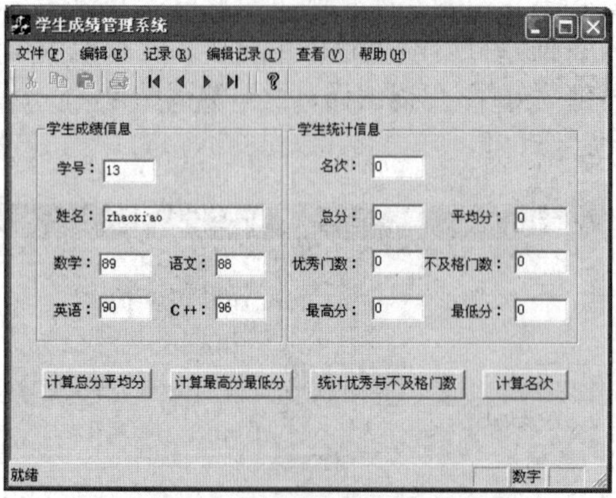

图 9 - 12　清空后输入数据 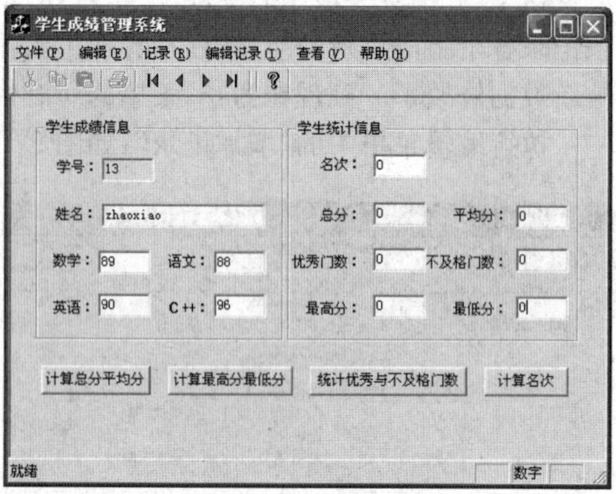　　　　　　　图 9 - 13　完成更新

选择"编辑记录"菜单中的"更新记录",这条记录就已经修改完成,原来的 12 号同学就已经不存在了,如图 9 - 13 所示。

这时学号变为只读属性,单击下面的四个按钮,得出学生的统计信息,如图 9 - 14 所示。

增加与删除操作,与此类似。

Pro 10.7　总结

在这部分内容中,如果在文本框内修改数据,修改的结果将直接写入数据库,为了避免修改,可以将文本框都设置为"只读方式";前三个按钮功能中,可以修改代码,只对当前记录进行操作,这样更形象。

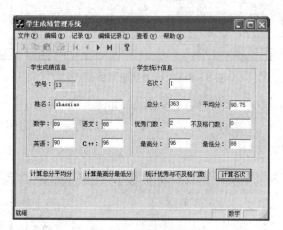

图 9 - 14　完成统计

数据库所在的文件夹不能随意更改位置和名称,否则应用程序运行时将找不到数据库文件,而导致运行失败。

第十单元

实验 16 MFC 图形绘制基础

16.1 实验目的和要求

（1）掌握 CDC 类基本概念、常用绘图函数；

（2）掌握画笔、画刷等绘图工具的使用；

（3）熟悉设备环境与图形绘制的关系；

（4）能够实现简单图形的绘制。

16.2 相关知识点

16.2.1 CDC 类

CDC 基类定义了设备描述表对象，并且提供在显示器、打印机或 Windows 用户区上绘图的方法，它封装了使用设备环境的 GDI 函数。所有的绘图操作都是直接或间接运用了 CDC 的成员函数。

在由 AppWizard 创建的 MFC 应用程序中，视图类的 OnDraw 成员函数是一个处理图形的关键虚函数，它带有一个指向设备环境对象的指针 pDC，MFC 的绘图大多都是通过 pDC 这个指针来加以访问的。

16.2.2 文本输出函数

1. TextOut()

Windows 编程中，最常用的文本输出函数是 TextOut，其函数原型如下：

```
BOOL TextOut
(
    int x,int y,        //(x,y)为用户区中字符串的起始坐标
    LPCTSTR lpstring,        //lpstring 为显示的字符串
    int nCount        //nCount 为字符串中的字节数
);
```

2. ExtTextOut( )

函数的原型为：

```
BOOL ExtTextOut
{
int x, int y; //输出的位置
UINT nOptions;//指定矩形的类型
LPCRECT lpRect;//输出的字符的矩形区域
const CString& str;//欲输出的字符串
LPINT lpDxWidths ;//字符间距
};
```

该函数用来在一个给定的矩形 lpRect 区域内输出字符串 str,上述参数中,nOptions 主要设置矩形的类型,可以为 ETO_OPAQUE 和 ETO_CLIPPED 两个值的一个或两个组合; lpDxWidths 是一个指向整数数组的指针,此数组中存放以逻辑单位表示的字符间的距离, 第 n 个数代表第 n 个和 n+1 个字符之间的距离。该参数为 NULL 时,则按缺省值处理。

16.2.3　文本属性控制

1. 设置文本的背景色

缺省时,在绘制图形或者输出文本时,背景颜色是白色。可以使用 CDC 的成员函数 SetBkColor 函数来设置新的背景颜色,函数原型为：

Virtual COLORREF SetBkColor(COLORREF crcolor);

其中参数 crcolor 用于指定新的背景颜色。例如要将背景颜色设为红色,可以用语句： SetBkColor(RGB(255,0,0);

2. 控制文本的背景色

在设备描述表中有两项可以影响背景,一个是背景色,另一个是背景模式。背景模式可以为透明的(Transparent)或不透明的(Opaque),缺省为不透明的。当背景模式为不透明时,按背景颜色的值填充字符的空余部分,如果背景模式为透明的,将不用背景颜色填充,保留屏幕上原来的颜色。背景模式可用函数 SetBkMode 来设置,它设置当前的背景模式并返回原来的背景模式,该函数的原型为：

int SetBkMode(int nBkMode);

参数 nkbmode 指定背景模式,其值可以是 OPAQUE 或者 TRANSPARENT,如果值为 OPAQUE,则显示时背景都改变为当前背景颜色。如果值为 TRANSPARENT,则不改变背景颜色,此时,任何 SetBkColor 函数调用都无效,缺省的背景模式为 OPAQUE。

3. 设置文本的排列方式

在一个图形中加字符说明时,常常知道一个字符串的某一个边界,如左边界不应超过某

个位置,或右边界不应超过某个位置,或显示的几行字符串的中心点对齐等。利用 CDC 的成员函数 SetTextAlign 函数就能方便地实现这种控制,其原型为:

UINT SetTextAlign (UINT nFlags);

其中,nFlags 为文本的对齐方式,其值如下:

TA_CENTER 将点同边界矩形的中心水平对齐
TA_BASELINE 将点同所选字体的基线对齐
TA_BOTTOM 将点同边界矩形的底线对齐

16.2.4 CDC 的绘图操作

1. 画点

COLORREF SetPixel(int x, int y, COLORREF crColor);

COLORREF SetPixel(POINT point, COLORREF crColor);

说明:

POINT:MFC 的结构类型,表示平面上的一个点,数据成员是 x 和 y

COLORREF:32 位整数类型,表示颜色

例如:

COLORREF C1=RGB(0, 0, 0)) //合成黑色
COLORREF C2=RGB(255, 0, 0)) //合成红色
COLORREF C3=RGB(255, 255, 0)) //合成黄色
COLORREF C4=RGB(255, 255, 255)) //合成白色

2. 画线

起点:

CPoint MoveTo(int x,int y);

CPoint MoveTo(POINT point);

终点:

BOOL LineTo(int x, int y);

BOOL LineTo(POINT point);

3. 画弧线

BOOL Arc(int x1, int y1, int x2, int y2, int x3, int y3, int x4, int y4);

BOOL Arc(LPCRECT lpRect, POINT ptStart, POINT ptEnd);

这两个函数画弧成功返回非 0,否则返回 0,函数中各参数的含义如下:

参数 x1 与 y1 为包围弧的矩形的左上角 x、y 坐标;x2 与 y2 为包围弧的矩形的右下角 x、y 坐标;x3 与 y3 为弧的起点 x、y 坐标;x4 与 y4 为弧的终点 x、y 坐标。

参数 lpRect 表示围绕弧的矩形,它可以是 LPRECT 或 CRect 对象,ptStart 表示弧的起

点的 CPoint 或 POINT 对象,该点不必精确地位于弧上;PtEnd 表示弧的终点的 CPoint 或 POINT 对象,该点不必精确地位于弧上。

4. 画矩形

BOOL Rectangle(int x1, int y1, int x2, int y2);

BOOL Rectangle(LPCRECT lpRect);

此函数成功调用后返回非 0 值,否则返回 0。其中参数(x1,y1)为指定矩形的左上角逻辑 x 与 y 坐标;(x2,y2)为指定矩形右下角的逻辑 x 与 y 坐标。参数 LpRect 为一个矩形结构的指针,用它来表示矩形的四个角。

5. 画椭圆或圆

BOOL Ellipse(int x1, int y1, int x2, int y2);

BOOL Ellipse(LPCRECT lpRect);

这两个函数画椭圆成功后返回非 0 值,否则返回 0。所画椭圆高度为 $y2-y1$,宽度为 $x2-x1$。在该函数中,椭圆是由其外接矩形来确定的。外接矩形的中心与椭圆中心重合,矩形的长和宽和椭圆的长短轴相等。函数中的参数与画矩形的相仿,分别表示椭圆外接矩形的左上角和右下角坐标。

6. 画圆角矩形

BOOL RoundRect(int x1, int y1, int x2, int y2, int x3, int y3);

该函数用于绘制一个圆角矩形,并用当前的画刷来填充该圆角矩形的内部区域。其中参数(x1,y1)为指定矩形的左上角位置 x 与 y 坐标;(x2,y2)为指定矩形右下角位置 x 与 y 坐标,(x3,y3)用于定义矩形四个角上的边角内切椭圆的宽度和高度,值越大,圆角矩形的角就越明显。如果 $x3=x2-x1$,并且 $y3=y2-y1$,则所绘制的圆角矩形变为一个椭圆。

7. 画饼图扇形

BOOL Pie(int x1, int y1, int x2, int y2, int x3, int y3, int x4, int y4);

BOOL Pie(LPCRECT lpRect, POINT ptStart, POINT ptEnd);

该函数的参数与 Arc 函数的参数的含义相仿,只不过 Pie 函数画的是封闭图形,Arc 画的是非封闭图形。

8. 画弓形

BOOL Chord(int x1, int y1, int x2, int y2, int x3, int y3, int x4, int y4);

弓形图是一条椭圆弧和连接该弧线两个端点的弦,并用当前的画刷来填充其内部区域的封闭图形。该函数参数与 Pie 函数参数的含义相仿。

16.2.5 画笔和画刷

1. 自定义画笔

CPen 是 MFC 中的一个类,它的对象代表一支笔,它的使用步骤参考如下示例代码:

CPen pen，＊oldpen；//定义画笔 pen 和指向画笔的指针 oldpen

pen.CreatePen(PS_SOLID,3,RGB(255,0,0))；//创建一支红色实线 3 号粗细的画笔

oldpen＝pDC－＞SelectObject(&pen)；//选用新的画笔 pen，让 oldpen 指向旧的画笔

pDC－＞MoveTo(10,10)；

pDC－＞LineTo(50,50)；

pDC－＞SelectObject(oldpen)；//恢复使用旧的画笔

2．自定义画刷

CBrush 是 MFC 中的一个类，代表一个画刷，它的使用步骤参考如下示例代码：

CBrush brush；//定义画刷对象 brush

brush.CreateHatchBrush(HS_CROSS,RGB(0,255,0))；//构造绿色十字线风格的画刷

pDC－＞SelectObject(&ben)；//选择一个新的画刷

pDC－＞Ellipse(100,10,200,110)；//用新的画刷画圆

【基础题】

(1) 使用画刷工具绘制如图 10－1 显示的图形。

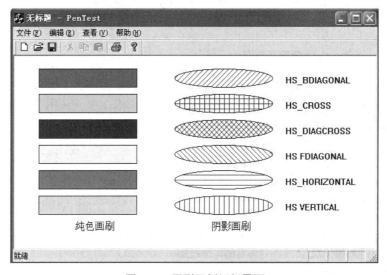

图 10－1 画刷示例运行界面

分析：首先利用 MFC AppWizard(exe)创建一个单文档应用程序，假设工程名字为 XXX。然后编辑视图类 CXXXView 的虚函数 OnDraw，实现画刷工具的操作。参考程序如下：

```
void CXXXView∷OnDraw(CDC * pDC)
{
    CXXXDoc * pDoc = GetDocument();
    ASSERT_VALID(pDoc);
    _int8 i;
    CBrush * pNewBrush, * pOldBrush; //定义一个新画刷和旧画刷的指针变量
    //设置纯色画刷的颜色表
    struct tagColor
    {
     int r,g,b;
    }color[7] = {{255,0,0},{0,255,0},{0,0,255},{255,255,0},{255,0,255},{0,255,255}};
    for(i=0;i<6;i++) //使用不同颜色的实体画刷
    {
     pNewBrush=new CBrush; //在栈中构造新画刷
     if(pNewBrush->CreateSolidBrush(RGB(color[i].r,color[i].g,color[i].b)))
     {
      pOldBrush = pDC->SelectObject(pNewBrush); //将新建的画刷选入设备环境
      pDC->Rectangle(40,20+i*40,200,50+i*40); //绘制矩形
      pDC->SelectObject(pOldBrush);//恢复设备描述表中原有的画刷
     }
     delete pNewBrush; //删除新画刷
    }
    pDC->TextOut(100,20+i*40,"纯色画刷");
    //实体画刷的图案索引值
    int nBrushPattern[6] ={HS_BDIAGONAL,
      HS_CROSS, HS_DIAGCROSS, HS_FDIAGONAL,
      HS_HORIZONTAL, HS_VERTICAL};
    //实体画刷的图案名称
    char * cBrushPatternName[6]={"HS_BDIAGONAL",
      "HS_CROSS", "HS_DIAGCROSS",
      "HS FDIAGONAL","HS_HORIZONTAL","HS VERTICAL"};
    for(i=0;i<6;i++)//使用不同图案的实体画刷
    {
     pNewBrush=new CBrush;//构造新画刷
     if(pNewBrush->CreateHatchBrush(nBrushPattern[i],RGB(0,0,255)))
     {
      pOldBrush = pDC->SelectObject(pNewBrush); //选择新画刷
      pDC->Ellipse(260,20+i*40,420,50+i*40); //绘制椭圆
      pDC->TextOut(440,50-20+i*40,cBrushPatternName[i]); //输出画刷的风格
```

```
        pDC->SelectObject(pOldBrush);//恢复设备描述表中原有的画刷
    }
    delete pNewBrush;//删除新画刷
    }
    pDC->TextOut(320,20+i*40,"阴影画刷");
}
```

（2）绘制－2π～2π 之间的 sin 曲线，如图 10－2 所示。

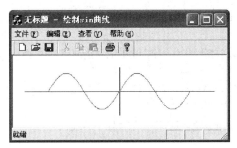

图 10－2　绘制 sin 曲线

分析：首先创建单文档应用程序 TEST，在 TEST.CPP 中添加文件包含语句：
♯include "math.h"

编辑 CTESTView 类的 OnDraw 函数，参考程序如下：

```
void CTESTView::OnDraw(CDC * pDC)
{
CTESTDoc * pDoc = GetDocument();
ASSERT_VALID(pDoc);
// TODO：add draw code for native data here
CRect rect;
GetClientRect(rect);
int x0=rect.Width()/2;
int y0=rect.Height()/2;
pDC->MoveTo(20,y0);
pDC->LineTo(rect.Width()-20,y0);
pDC->MoveTo(x0,20);
pDC->LineTo(x0,rect.Height()-20);
double step=3.14159/100;
for(int i=-200;i<200;i++)
pDC->SetPixel(x0+(i/300.0) * rect.Width()/2,y0-sin(step * i) * rect.Height()/4,RGB
(255,0,0));
    }
```

【提高题】

（3）建立单文档应用程序，实现如下功能：按右键画圆，按左键移动画线。

提示：可在文档类中添加数据成员为：

　　　　CPoint c1，c2；//记录当前鼠标位置

　　　　int f1，f2；//判断是否处于画线状态

在 OnNewDocument() 中将 f1、f2 初始化为 0，分别编辑左键按下、鼠标移动、释放左键右键的消息处理函数及 OnDraw 函数完成题目的功能。参考程序框架如下：

```
void CTESTView::OnLButtonDown(UINT nFlags，CPoint point) //左键按下
  {
  //按下左键画线开始，文档类的 f1 赋值 1，c1 记录当前鼠标位置
  }
void CTESTView::OnMouseMove(UINT nFlags，CPoint point) //鼠标移动
  {
   //移动鼠标时根据 f1 的值判断当前位置是否处于画线状态，如果处于画线状态，则 f2 赋值 1，并
把鼠标当前位置记录在 c2 中。
  }
void CTESTView::OnLButtonUp(UINT nFlags，CPoint point) //释放左键
  {
   //释放左键画线结束，文档类 f1 和 f2 赋值 0。
  }
void CTESTView::OnRButtonDown (UINT nFlags，CPoint point) //右键按下
  {
   //OnRButtonDown()将以单击处为圆心半径为 30 的圆的数据存放到文档类的 r 中
  }
void CTESTView::OnDraw(CDC * pDC) //OnDraw 函数
  {
   //OnDraw()函数绘制图形
  }
```

补充以上程序并调试运行。

工程训练 11   学生成绩管理系统(MFC 单文档图形篇)

在该工程中,用自己的代码实现数据库记录的移动,另外在学生信息中增加了照片信息,随着记录的移动,显示不同学生的照片。jpg 图片按学生的学号命名好,如 1 号学生的图片命名为 1. jpg,以此类推;在显示图片的程序代码中,要修改图片存放的位置或者存放路径,否则不能运行,系统将提示找不到指定的图片。

Pro 11. 1   创建 MFC 单文档应用程序

创建过程可参考工程训练 10 中的第三节。

在资源视图中,将菜单 Menu 中的"记录"删除,工具栏 Toolbar 中的四个记录移动按钮删除。选中后,按 Delete 键即可删除。

Pro 11. 2   设计界面

设计如图 10 - 3 所示的界面,学生成绩信息栏中,空白处是用于显示学生的照片。

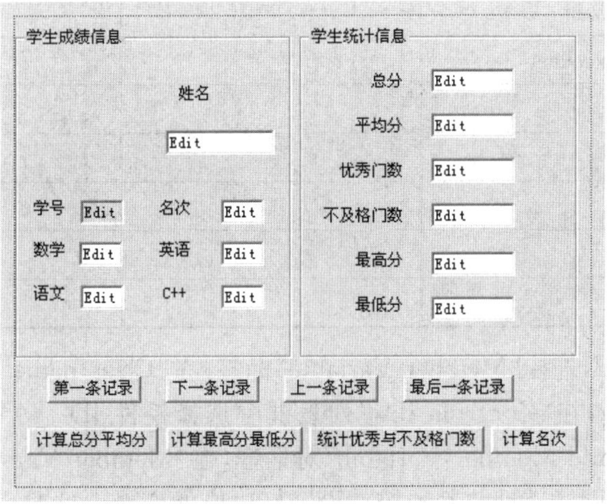

图 10 - 3   界面设计

标签的资源号不用重新设置,13 个文本框和 8 个按钮的资源号如表 10 - 1 所示。

表 10 - 1　控件对应的资源号

Control IDs	Variable Type	Member variable name
IDC_ID	long	m_mid
IDC_NAME	CString	m_mname
IDC_MATH	int	m_mmath
IDC_CHINESE	int	m_mchinese
IDC_ENGLISH	int	m_menglish
IDC_CPLUSPLUS	int	m_mcplusplus
IDC_SUM	int	m_msum
IDC_AVERAGE	double	m_maverage
IDC_RANK	int	m_mrank
IDC_FAILEDCOUNT	int	m_mfailedcount
IDC_EXCELLENTCOUNT	int	m_mexcellentcount
IDC_HIGHESTSCORE	int	m_mhighestScore
IDC_LOWESTSCORE	int	m_mlowestScore
IDC_calculateStu_Total_Average		
IDC_Score_Highest_Lowest		
IDC_countStu_Failed_Excellent		
IDC_sort_By_Average		
IDC_FIRST		
IDC_NEXT		
IDC_PREV		
IDC_LAST		

　　启动 ClassWizard，选择"Member Variable"标签；在"Class name"编辑框中选择 CStudentScoreMIS_9View，在"Controls IDs"列表框中选择控件 IDC_AVERAGE，单击"Add Variable"按钮显示"Add Member Variable"对话框，在"Member Variable Name"的框中直接输入 m_maverage；同样道理将其他控件设置好对应的变量。这时，控件与数据库中的表字段没有直接关系，必须通过写代码来实现关联。

Pro 11.3　编写照片代码

　　在视图类中，添加新的成员函数 showphoto(int recordId)函数，完成在指定位置显示指定图片。参数是学生的学号，根据学号找到对应的图片，并显示在指定的位置上。每名学生的照片的命名，与该学生的学号相同，便于查找对应的图片。

```
void CStudentScoreMIS11View::showphoto(int recordId)
{
    IPicture * m_picture;
    OLE_XSIZE_HIMETRIC m_width;
    OLE_YSIZE_HIMETRIC m_height;
    long int i=recordId;
    char temp[10];
    itoa(i,temp,10);    //将数字转换字符
    CString bb;
    bb=temp;
    bb.TrimLeft();    //删除左边的空格
    bb.TrimRight();    //删除右边的空格
    CString aa=bb+".jpg";
    CString filename="E:\\ych\\photo\\Cartoon\\";    //图片放的位置
    filename=filename+aa;    //获得文件名的全称,包括路径
    CString m_filename(filename);//文件名
    CFile m_file(m_filename,CFile::modeRead );
    DWORD m_filelen = m_file.GetLength();    //获取文件长度
    HGLOBAL m_hglobal = GlobalAlloc(GMEM_MOVEABLE,m_filelen);
            //在堆上分配空间
    LPVOID pvdata = NULL;
    //锁定堆空间,获取指向堆空间的指针
    pvdata = GlobalLock(m_hglobal);
    //将文件数据区读到堆中
    m_file.ReadHuge(pvdata,m_filelen);
    IStream * m_stream;
    GlobalUnlock(m_hglobal);
    //在堆中创建流对象
    CreateStreamOnHGlobal(m_hglobal,TRUE,&m_stream);
    //利用流加载图像
    OleLoadPicture(m_stream,m_filelen,TRUE,IID_IPicture,(LPVOID * )&m_picture);
    m_picture->get_Width(&m_width);
    m_picture->get_Height(&m_height);
    CDC * dc = GetDC();
    //m_IsShow = TRUE;
    CRect rect;
```

```
GetClientRect(rect);
SetScrollRange(SB_VERT,0,(int)(m_height/26.45)－rect.Height());
SetScrollRange(SB_HORZ,0,(int)(m_width/26.45)－rect.Width());
m_picture－>Render(＊dc,20,35,100,95,0,m_height,m_width,－m_height,NULL);
//Render()函数中的20,35表示图片显示的位置,100,95表示显示图片的大小。
}
```

在视图类中,添加新的成员函数 equalFunction() 函数,完成赋值,建立控件与数据库中的字段之间的联系,并且被其他相关按钮函数调用。

```
void CStudentScoreMIS11View∷equalFunction()
{
    m_maverage＝m_pSet－>m_average;
    m_mchinese＝m_pSet－>m_chinese;
    m_mcplusplus＝m_pSet－>m_cplusplus;
    m_menglish＝m_pSet－>m_english;
    m_mexcellentcount＝m_pSet－>m_excellentcount;
    m_mfailedcount＝m_pSet－>m_failedcount;
    m_mhighestScore＝m_pSet－>m_highestScore;
    m_mid＝m_pSet－>m_id;
    m_mlowestScore＝m_pSet－>m_lowestScore;
    m_mmath＝m_pSet－>m_math;
    m_mname＝m_pSet－>m_name;
    m_mrank＝m_pSet－>m_rank;
    m_msum＝m_pSet－>m_sum;

}
```

在视图类中,添加虚函数 OnDraw(CDC ＊ pDC);功能显示图片,并且在窗口发生改变时,图片不发生变化。

```
void CStudentScoreMIS11View∷OnDraw(CDC ＊ pDC)
{
    equalFunction();
    showphoto(m_pSet－>m_id);
    UpdateData(FALSE);
}
```

Pro 11.4　编写按钮代码

1. 第一条记录

```
void CStudentScoreMIS11View∷OnFirst()
{
  m_pSet->MoveFirst();
  equalFunction();
  showphoto(m_pSet->m_id);
  UpdateData(FALSE);
}
```

2. 下一条记录

```
void CStudentScoreMIS11View∷OnNext()
{
  if(m_pSet->IsBOF())
  {
    m_pSet->MoveFirst();
    m_pSet->MoveNext();
  }
  else if(! m_pSet->IsEOF())
  {
    m_pSet->MoveNext();
  }
  if(! m_pSet->IsEOF())
  {
    equalFunction();
    showphoto(m_pSet->m_id);
  }
  UpdateData(FALSE);
}
```

3. 上一条记录

```
void CStudentScoreMIS11View∷OnPrev()
{
  if(m_pSet->IsEOF())
  {
    m_pSet->MoveLast();
    m_pSet->MovePrev();
```

```
        }
        else if(! m_pSet->IsBOF())
        {
            m_pSet->MovePrev();
        }

        if(! m_pSet->IsBOF())
        {
            equalFunction();
            showphoto(m_pSet->m_id);
        }
        UpdateData(FALSE);
    }
```

4. 最后一条记录

```
void CStudentScoreMIS11View∷OnLast()
{
    m_pSet->MoveLast();
    equalFunction();
    showphoto(m_pSet->m_id);
    UpdateData(FALSE);
}
```

其他按钮代码与工程训练 10 中的一样,只要复制过来,在更新语句前加上赋值函数"equalFunction();"和显示图形函数"showphoto(m_pSet->m_id);"的调用就可以。

Pro 11.5   运行和总结

运行后,如图 10-4 所示;单击下一条记录后,就显示第二条记录,如图 10-5 所示。
标题栏文字的修改,在应用程序类中的 InitInstance()中,在倒数第四行位置填加一句设置文本语句 SetWindowText("学生成绩管理系统"),就可以实现。

```
BOOL CStudentScoreMIS11App∷InitInstance()
{
    ……
    m_pMainWnd->SetWindowText("学生成绩管理系统"); //标题栏显示信息
    m_pMainWnd->ShowWindow(SW_SHOW);
    m_pMainWnd->UpdateWindow();
    return TRUE;
}
```

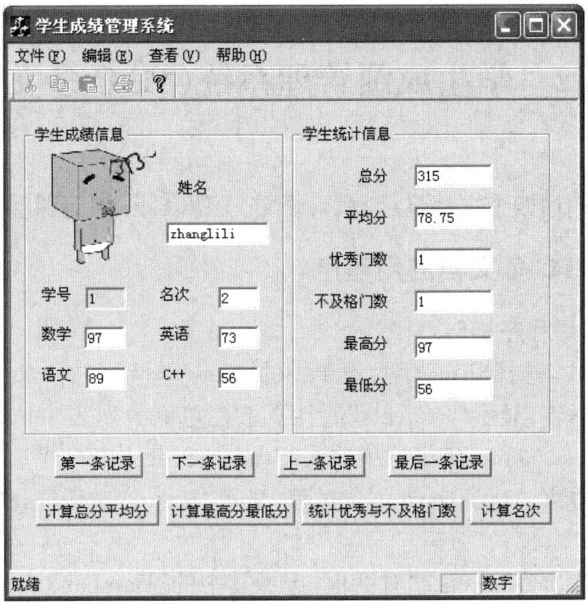

图 10－4　运行后的界面

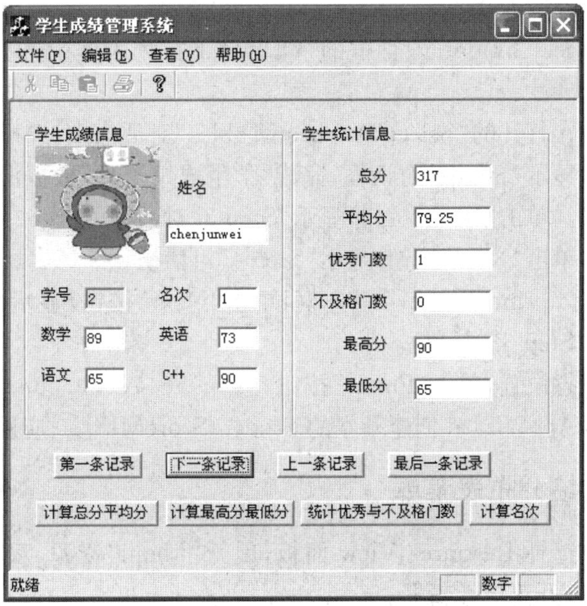

图 10－5　移动第二条记录的界面

工程训练 12　学生成绩管理系统(MFC 多文档图形篇)

在多文档中,我们用四个文档显示数学、语文、英语、C++四门课程的成绩分布图。

Pro 12.1　创建 MFC 多文档应用程序

与创建单文档应用程序相似。

在 VC 6.0 菜单中,选择"File"下拉菜单中的"New"选项,打开"New"对话框。

单击"Proiects"标签,显示"Projects"属性页。在左侧的列表中选择"MFC AppWizard (exe)"选项,在"Project Name"编辑框中输入"StudentScoreMIS_10"。

单击"OK"按钮进入 AppWizard 创建过程,显示"Step l"对话框,选择其中的"Multiple Document"选项。

单击"Next"按钮,显示"Step 2"对话框,选择其中的"Database view with file support"选项,由 AppWizard 生成查看数据库内容的类。

由于是多文档应用程序,一定需要文件支持,单击"Data Source"按钮,建立应用程序与先前建立的数据源之间的连接。

在打开的"Database Options"对话框的"ODBC"下拉列表框中选择"学生成绩管理"数据源。

单击"OK"按钮,在打开的"Select Database Tables"对话框中,选择 studentcj 表。

单击"OK"按钮,显示"Step 2"对话框,完成"学生成绩管理"数据源中的 studentcj 表与应用程序之间的关联。单击"Next"按钮,显示"Step 3"对话框。

接受缺省选项。单击"Next"按钮,显示"Step 4"对话框。

清除"printing and print Preview"复选框,单击"Next"按钮,显示"Step 5"对话框。单击"Next"按钮,显示"Step 6"对话框。

其他各步接受缺省设置,单击"Finish"按钮。

单击"OK"按钮,AppWizard 创建基本的 StudentScoreMIS_10 应用程序。

Pro 12.2　创建成绩分布表菜单

在工程工作区中选择 Resource View 面板,展开"Menu"资源,双击 ID 为 IDR_STU-DENTYPE 的资源,打开菜单编辑器。

将最后的空白菜单项移动到记录菜单的后面,在空白项位置单击右键,在弹出的 Menu Item Properties 单中的"Caption"编辑框中输入"成绩分布表"。

右键单击"成绩分布表"下面的空白菜单项。在弹出的 Menu Item Properties 单中的"ID:"编辑框中输入"ID_GRAPH_MATH",在标题编辑框内输入"数学成绩(&M)",在提示信息"Prompt:"编辑框内输入"数学成绩分布图"。以同样方法增加其他三个菜单命令,其 ID 值、标题和提示见表 10-2 。

表 10-2　菜单命令中的 ID 值、标题和提示

菜单命令	命令 ID	标　题	提　示
数学成绩	ID_GRAPH_MATH	数学成绩(&M)	数学成绩分布图
语文成绩	ID_GRAPH_CHINESE	语文成绩(&H)	语文成绩分布图
英语成绩	ID_GRAPH_ENGLISH	英语成绩(&E)	英语成绩分布图
C++成绩	ID_GRAPH_CPLUSPLUS	C++成绩(&C)	C++成绩分布图

Pro 12.3　添加菜单消息

与数据库关联的是视图窗口,由视处理这些消息。

(1) 启动 ClassWizard 后选择"Message Maps"标签,显示"Message Maps"属性页。

(2) 将"Class Name"下拉列表框设置为"CStudentScoreMIS_10View",在"Object IDs"列表框中单击 ID_GRAPH_MATH。然后在"Messages"列表框中双击"COMMAND"增加命令处理函数,显示"Add Member Function"对话框。单击"OK"按钮,接收命令处理函数的缺省名称,函数名称将显示在 ClassWizard 对话框底部的"Member functions"列表框中。

(3) 以同样的方法增加其他命令处理函数和命令更新处理函数,见表 10-3。

(4) 单击"OK"按钮关闭"ClassWizard"对话框。

表 10-3　菜单命令与处理函数

菜单命令	命令 ID	命令处理函数	命令更新处理函数
数学成绩	ID_GRAPH_MATH	OnGraphMath	
语文成绩	ID_GRAPH_CHINESE	OnGraphChinese	
英语成绩	ID_GRAPH_ENGLISH	OnGraphEnglish	
C++成绩	ID_GRAPH_CPLUSPLUS	OnGraphCplusplus	

Pro 12.4　编写消息代码

1. 添加数据成员

在工程 MyDraw 的工作区中,选择 ClassView 选项卡,在类名列表窗口中选择视图类 CStudentScoreMIS_10View,然后单击鼠标右键,在弹出的快捷菜单中选择 Add Member

Variable 命令,在 Variable Type 文本框中输入 int,在 Variable Name 文本框中输入 m_serial,选择 Access(访问控制属性)为保护。

最后单击 OK 按钮,则在视图类 CStudentScoreMIS_10View 中添加了一个 int 型的保护成员变量 m_serial,用于标记显示的是哪门课程。

在视图类 CStudentScoreMIS_10View 的构造函数中添加下面的代码可以实现对数据成员 m_serial 的初始化。

```
CStudentScoreMIS_10View::CStudentScoreMIS_10View()
  : CRecordView(CStudentScoreMIS_10View::IDD)
{
//{{AFX_DATA_INIT(CStudentScoreMIS_10View)
    // NOTE: the ClassWizard will add member initialization here
m_pSet = NULL;
//}}AFX_DATA_INIT
// TODO: add construction code here
m_serial=0;


}
```

2. 编写消息函数

数学、语文、英语、C++四个消息处理函数非常相似,只有两处不同,第一,m_serial 变量的值的设置,在数学消息中设置 m_serial=1,在语文消息中设置 m_serial=2,在英语消息中设置 m_serial=3,在C++消息中设置 m_serial=4;第二,表字段的统计,在数学消息中用 m_pSet->m_math,在语文消息中 m_pSet->m_chinese,在英语消息中 m_pSet->m_english,在C++消息中 m_pSet->m_cplusplus。

这里只给出数学消息函数。

```
void CStudentScoreMIS_10View::OnGraphMath()
{
  CStudentScoreMIS_10Doc * pDoc = GetDocument();
  ASSERT_VALID(pDoc);
  // TODO: add draw code for native data here
  CClientDC dc(this);
  CDC * pDC=&dc;
  _int8 i;
  char ch[5]="";
  CPen * pOldPen;
  CPen NewPen;      //声明一个笔对象,画坐标系
```

```
    if( NewPen.CreatePen(0, 1, RGB(0,0,0)))
    {
      pOldPen = pDC->SelectObject(&NewPen);
      pDC->MoveTo(0,330);
      pDC->LineTo(360,330);//用新创建的笔画直线
      pDC->MoveTo(60,30);
      pDC->LineTo(60,330);
      itoa(0,ch,10);//将数字转换成字符串
      pDC->TextOut(56,335,ch);
      for(i=0;i<10;i++)
      {
        pDC->MoveTo(90+i*30,325);
        pDC->LineTo(90+i*30,330);
        itoa(10+i*10,ch,10);
        pDC->TextOut(86+i*30,335,ch);
      }
      for(i=0;i<10;i++)
      {
        pDC->MoveTo(60,300-i*30);
        pDC->LineTo(65,300-i*30);
        itoa(10+i*10,ch,10);
        pDC->TextOut(15,300-i*30-8,ch);
        if(i==9)
          pDC->TextOut(40,300-i*30-8,"%");
        else
          pDC->TextOut(35,300-i*30-8,"%");
      }
      pDC->SelectObject(pOldPen);        //恢复设备描述表中原有的笔
    }
    else
    {
      MessageBox("不能创建笔!");  //给出错误提示
      return;
    }
//坐标系画完
    int a[11]={0};
    int n=0;
    m_pSet->MoveFirst();
```

```
while(! m_pSet->IsEOF())
{
    n++;
    i=m_pSet->m_math/10;
    a[i]++;
    m_pSet->MoveNext();
}
//准备画成绩分布图
CBrush * pNewBrush, * pOldBrush; //定义一个新画刷和旧画刷的指针变量
                    //设置纯色画刷的颜色表
struct tagColor
{
    int r,g,b;
}color[10]=
    {{125,125,125},{0,0,125},{0,125,0},{125,0,0},{0,255,255},
{255,0,255},{255,255,0},{0,0,255},{0,255,0},{255,0,0}};


for(i=0;i<10;i++) //使用不同颜色的实体画刷
{
    pNewBrush=new CBrush; //在栈中构造新画刷
    if(pNewBrush->CreateSolidBrush(RGB(color[i].r,color[i].g,color[i].b)))
    {
        pOldBrush = pDC->SelectObject(pNewBrush);
            //将新建的画刷选入设备环境
        double mc1,mc2;
        if(i<9)
        {
            mc1=330-a[i] * 1.0/n * 10 * 30;
            pDC->Rectangle(60+i * 30,mc1,90+i * 30,330); //绘制矩形
        }
        else if(i==9)
        {
            mc2=330-(a[i]+a[i+1]) * 1.0/n * 10 * 30;
            pDC->Rectangle(60+i * 30,mc2,90+i * 30,330); //绘制矩形
        }

        pDC->SelectObject(pOldBrush);//恢复设备描述表中原有的画刷
    }
    delete pNewBrush; //删除新画刷
```

```
        }
        pDC->TextOut(120,360,"数学成绩分布图");
        m_serial=1;
    }
```

3. 编写 OnPaint()

OnPaint()是 CWnd 的类成员,负责响应 WM_PAINT 消息。当视图变得无效时(包括大小的改变,移动,被遮盖等等),Windows 发送 WM_PAINT 消息。该视图的 OnPaint 处理函数通过创建 CPaintDC 类的 DC 对象来响应该消息。

在 CStudentScoreMIS_10View 类上击右键,在弹出的快捷菜单中选择"Add Windows Message Handle",在对话框中左侧选择 WM_PAINT,在右侧选择"Add and Edit"按钮,进入 OnPaint()函数的编辑状态。

```
void CStudentScoreMIS_10View::OnPaint()
{
    CPaintDC dc(this); // device context for painting
    switch(m_serial)
    {
        case 1:
            OnGraphMath();
            break;
        case 2:
            OnGraphChinese();
            break;
        case 3:
            OnGraphEnglish();
            break;
        case 4:
            OnGraphCplusplus();
            break;
    }
}
```

编译、运行,如图 10-6 所示。

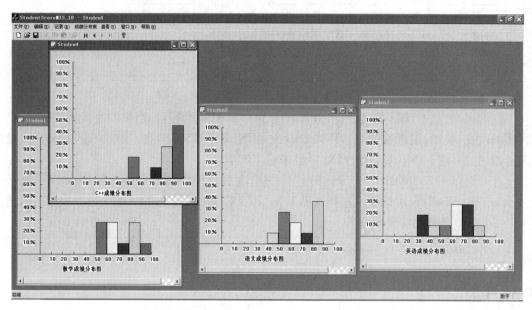

图 10 - 6　运行后四门课程的界面

　　下面是每个文档的清晰图,如图 10 - 7、图 10 - 8、图 10 - 9、图 10 - 10 所示。

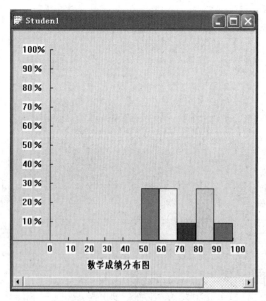

图 10 - 7　数学成绩分布图

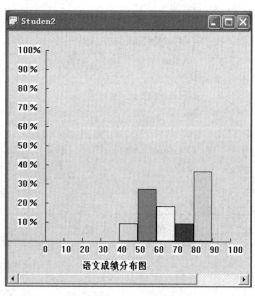

图 10 - 8　语文成绩分布图

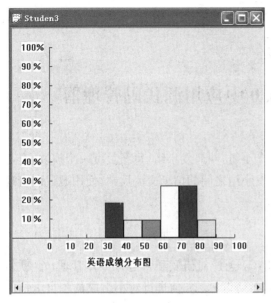

图 10-9　英语成绩分布图

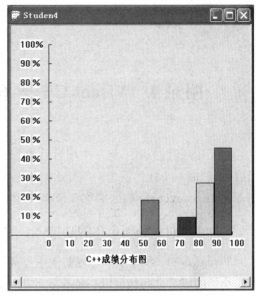

图 10-10　C++成绩分布图

附录1 Visual C++ 6.0中应用源代码管理器

在工程项目训练中,将一个项目分成若干个小组,叫研发小组,每组负责一个模块,全部做好后,形成一个软件系统。用什么来控制研发小组之间的信息交流反馈,使用源代码管理器 Visual SourceSafe 6.0(简称 VSS 6.0)。

一、Visual SourceSafe 6.0 的功能

Visual SourceSafe 6.0 可以解决这些问题:① 怎样对研发项目进行整体管理;② 项目开发小组的成员之间如何以一种有效的机制进行协调;③ 如何进行对小组成员各自承担的子项目的统一管理;④ 如何对研发小组各成员所作的修改进行统一汇总;⑤ 如何保留修改的轨迹,以便撤销错误的改动;⑥ 对在研发过程中形成的软件的各个版本如何进行标识,管理及差异识辨等等。

二、安装工程项目服务器

以一个"学生成绩管理系统"作为工程项目,在 VSS 6.0 中为该项目设置服务器、添加用户、添加项目、添加工作组。

1. 设置 VSS 服务器

在一台 Windows NT 服务器或者是一台较为独立的 Windows 98/95 PC 上安装 VSS 6.0的服务器端软件,创建学生成绩管理系统数据库,用来存放学生成绩管理系统项目。这里的服务器是 \\172.20.1.18,管理员的用户名是 admin,并设置了密码。

2. 添加用户

在客户端要安装 VSS 6.0,安装好后,就可以从开始菜单选择 Microsoft Visual Source-Safe 中的 Microsoft Visual SourceSafe Adminstration,这时就会出现一个对话框。如图 1 所示。

输入密码,如果数据库就是学生成绩管理系统数据库,就不再修改,如果不是就选择 Browse,选择该数据库,再单击 OK 按钮。进入如图 2 所示的界面。

图 1　VSS 登录界面

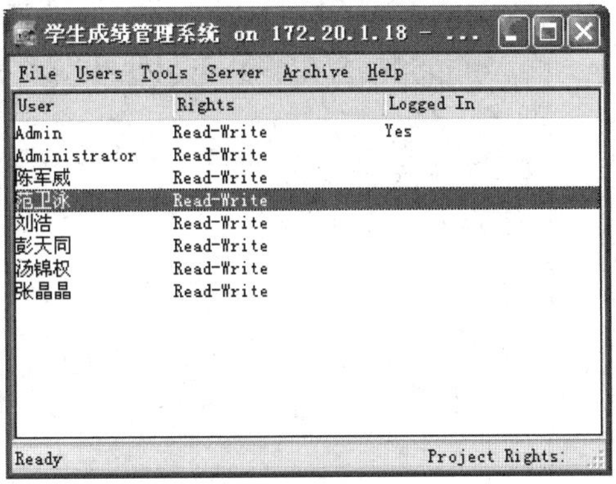

图 2　用户界面

在这里看到已经有六名学生，将这几名学生作为组长，组长具有 Read-Write 功能，下面添加组员。选择 Users 菜单的 Add User 选项，出现添加用户的对话框，如图 3 所示。

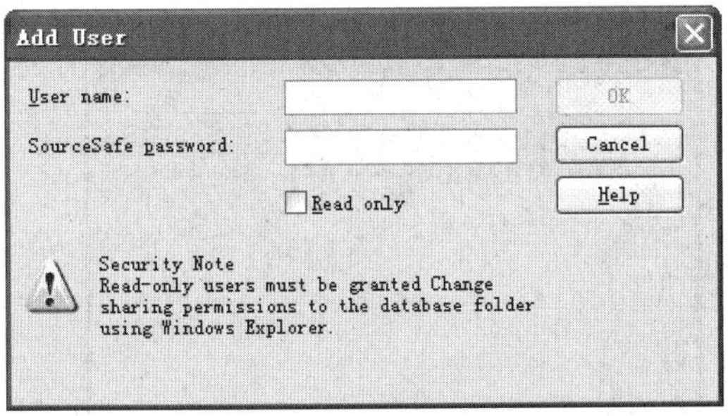

图 3　添加用户对话框

图 4　输入用户名和密码

输入 User name：吴玲，并设置密码，选中 Read only 选项，如图 4 所示。

单击 OK，如图 5 所示，我们就看到了已经添加了组员陈玲，并且具有只读功能，而组长具有读写功能。同理，添加其他组员。

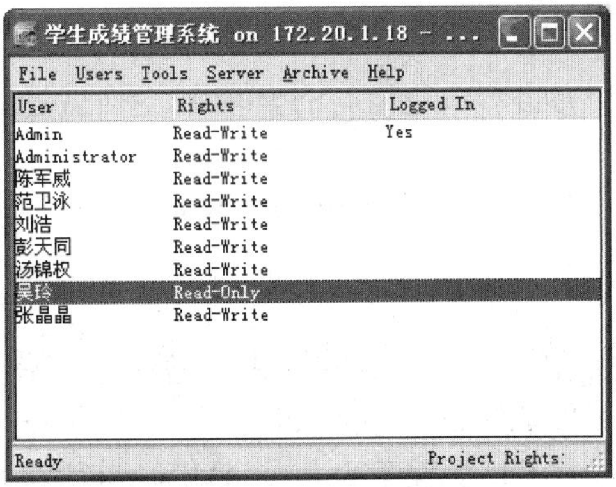

3. 在 VSS 中添加一个项目

从开始菜单选择 Microsoft Visual SourceSafe 中的 Microsoft Visual Source-Safe，这时就会出现一个对话框。如图 6 所示。

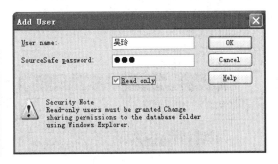

图 5　回到用户界面

选择 File 菜单的 Create Project，出现如图 7。

图 6　VSS 管理界面

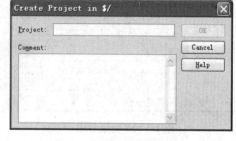

图 7　创建项目对话框

输入 Project：输入 StudentScoreMIS_1，Comment：输入"应用第一章、第二章、第三章的主要知识点，建立"一名学生的成绩管理系统"。如图 8 所示。

图 8　输入项目名称和注释

图 9　VSS 项目管理界面

单击 OK，返回 VSS 环境中，这时就看到了新建立的项目文件 StudentScoreMIS_1，如图 9 所示。

这里的 StudentScoreMIS_1 是一个空项目。

4. 在 VSS 中添加 Visual C++ 工作组

在 Visual C++ 6.0 中创建一个工作组 StudentcjMIS.dsw，在这个工作组中创建 Win32 Console Application 项目，项目名为：StudentcjMIS.prj，在该项目中创建 C++ Source File 源程序 StudentcjMIS.cpp。在源程序中添加好程序的框架，具体代码在后面介绍。

　　下面将 D:\ StudentScoreMIS\StudentcjMIS\ StudentcjMIS 工作组及其所有文件添加到 VSS 中。

　　在 VSS 中设置工作目录,在 StudentScoreMIS_1 上击右键,在弹出的快捷菜单中选第二项 Set Working Folder,出现图 10 的对话框。

图 10　添加工作文件夹

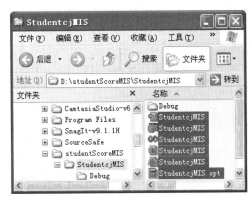

图 11　选中工作组和所有文件

　　在这个对话框中选 D:\StudentScoreMIS\StudentcjMIS,作为工作文件夹,用拖动的方式,将工作组及其所有文件(除 Debug 文件夹外)添加进来,如图 11 所示。

　　将上图中的六个文件拖到 VSS 的右侧窗口当中,出现 comment 窗口,就输入"应用第一章、第二章、第三章的知识点"。结束后,出现图 12。

图 12　项目管理界面

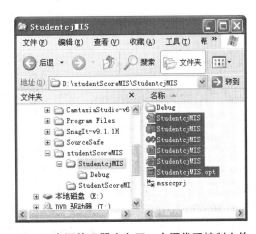

图 13　资源管理器中多了一个源代码控制文件

　　并且资源管理器,也有了不同的变化,如图 13 所示,最下面多了一个源代码控制文件 mssccprj。

三、在客户端 VC 中使用 Source Code Control

1. 启动 VSS

启动 Microsoft Visual SourceSafe 中的 Microsoft Visual SourceSafe,输入\\172. 20. 1. 18,数据库选择学生成绩管理系统,输入自已的用户名和密码,并且设置 VSS 的当前工作目录,如图 14 所示。

图 14　学生登录 VSS

2. 获取最新版本

在服务器上下载,在 StudentScoreMIS_1 击右键,在出现的快捷菜中选择 Get Latest Version,出现的对话框中,选中 Recursive 和 Build tree 选项,如图 15 所示。

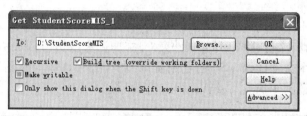

图 15　获得最新版本对话框

这时,服务器上的所有文件都下载到指定的工作目录中。

3. 启动 Visual C++

启动 Microsoft Visual C++ 6.0,在 VC 的集成开发环境中,点击 File 菜单的 Open Workspace 命令,出现的对话框如图 16 所示,与没有安装 VSS 客户端软件的 VC 有一个明显的区别:在对话框的底部增加了一项"Open a project from source code control source control"。

单击 Source Control 按钮,出现

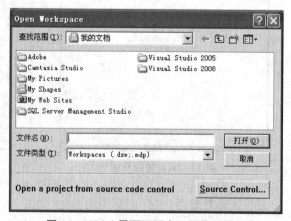

图 16　VC++界面下面有了源代码控制

VSS 登录对话框,输入用户名和口令,通过 Browse...按钮选择你要登录的数据库,如图 17 所示。

单击 OK 按钮后,出现图 18,选择 StudentScoreMIS_1。

图 17　学生再次登录 VSS

图 18　创建本地项目

单击 Browse 按钮,选择当前工作文件夹,如图 19 所示。

单击确定按钮,返回到上一个对话框,如图 20 所示。

图 19　浏览文件夹

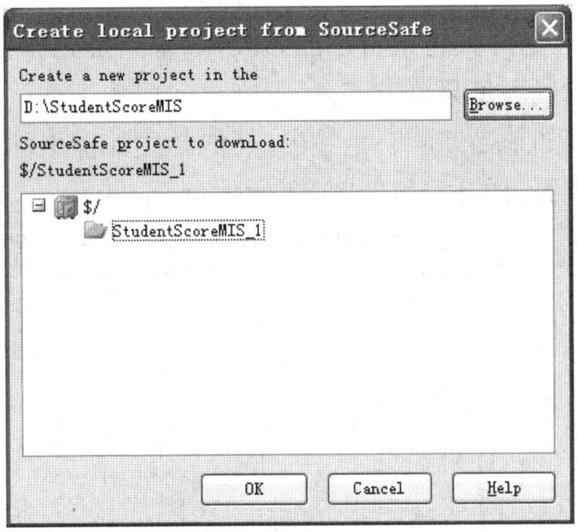

图 20　选择了工作文件夹

单击 OK 按钮,出现如图 21 所示。

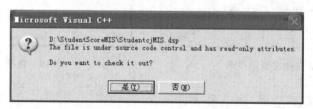

图 21　打开工作组

选中当前工作组，打开，出现图 22。

图 22　是否签出对话框

　　如果想对当前文件进行修改，改好再上传，就可以选择"是"按钮，表明当前文件被用户签出，这时其他人将不能修改；如果只是想看看源代码的内容，不必签出，就选择"否"，这时的源代码是只读方式。

　　如果当前状态是签出，其他学生如范卫泳，在他的 VSS 中将会看到，工作组和项目已经被谁签出的信息，如图 23 所示。

图 23　VSS 中学生签出的信息

　　为了保持数据一致性,其他学生就不能再继续签出。因此签出的学生,应该尽快签入,不防碍其他同学继续工作。

4. Visual C++ 6.0 中的源代码管理

　　已经签出的学生,就可以在 VC 中看到,工作组和项目前面就有一个小钩,如图 24 所示。

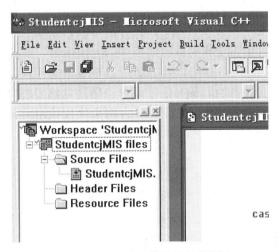

图 24　VC++中工作组的签出标记

　　并且在项目菜单中,就有一个选项 SourceControl,也可以将 SourceControl 工具条放在工具栏上,选择 Source Control 工具条中的相应按钮,可以完成诸如获取某项目文件的最新版本,向 VSS 数据库中添加新文件,将修改后的文件 Checkin 提交给 VSS 数据库,查看某个项目文件的历史信息,进行不同版本文件及不同项目之间文件的差异比对,还有共享某个项目或文件。

附录 2　C++语言程序设计实验大纲

一、实验目的与任务

C++是一门高效的程序设计语言,既可进行过程化设计,也可进行面向对象程序设计,是目前面向对象程序设计语言中具有最广泛基础的一门语言。通过该课程的实验,要求学生掌握C++程序设计基础知识,程序设计方法与基本数据结构;初步掌握编程环境 Visual C++的使用,学会调试、分析和自行编写C++程序。通过上机实践培养学生分析具体问题,建立数学模型,用C++解决实际问题的能力,为将来使用或继续从事C++项目设计打下基础。

二、实验教学基本要求

通过实验和工程化训练,学生需达到下列基本要求:
(1) 了解和熟悉 Visual C++开发环境。
(2) 掌握常用数据类型、运算对象、运算符与表达式。
(3) 熟练掌握结构化程序控制的 3 种基本结构,并能较好地编写程序。
(4) 掌握使用数组的方式组织数据,熟悉典型应用。
(5) 掌握C++中函数的声明、定义和调用方法。
(6) 掌握用指针构造链式数据结构。
(7) 掌握类和对象的基本概念。
(8) 掌握派生类的构造方法。
(9) 掌握利用虚函数实现动态多态性。
(10) 掌握文件流的打开、关闭及使用方法。
(11) 掌握过程化程序设计方法。
(12) 掌握面向对象程序设计思想。
(13) 掌握工程化组织项目的方法。

三、实验项目与建议学时分配

序　号	项目名称	学　时
1	熟悉VC++环境	2
2	数据类型、表达式和输入输出	2
3	选择结构程序设计	2
4	循环结构程序设计	2
5	数组	4
6	函数	2
7	指针	2
8	结构体与链表	4
9	类和对象	2
10	继承和派生	2
11	多态性与虚函数	2
12	输入输出流	2
13	类模板	2
4	异常处理	2
15	MFC文档视图结构	4
16	MFC图形绘制基础	2
合　计		38

参考文献

1. 王继民,戚涌,王新光.C++程序设计习题解答与考试指导.清华大学出版社,2006.11
2. 钱能.C++程序设计教程(第2版)实验指导.清华大学出版社,2007.8
3. 钱能.C++程序设计教程(第2版)习题及解答.第2版.清华大学出版社,2009.10
4. 李春葆.C++语言习题与解析.清华大学出版社,2003.11
5. 李春葆,陶红艳,金晶.C++语言程序设计学习辅导.清华大学出版社,2008.1
6. 李春葆,章启俊.C++程序设计学习与上机实验指导.清华大学出版社,2005.5
7. 谭浩强.C++面向对象程序设计.清华大学出版社,2006.1
8. 谭浩强.C++面向对象程序设计题解与上机指导.清华大学出版社,2006.5
9. 吴乃陵,况迎辉.C++程序设计(第2版).高等教育出版社,2006.3
10. 吴乃陵,李海文.C++程序设计实践教程(第2版).高等教育出版社,2006.3
11. 张基温,张伟.C++程序开发例题与习题.清华大学出版社,2003.7
12. 李军民.C++程序设计语言经典题解与实验指导.西安电子科技大学出版社,2003.1
13. 林伟健,周霭如.C++程序设计基础实验指导与习题解答.电子工业出版社,2004.5
14. 罗建军,朱丹军,顾刚,卫颜俊.C++程序设计教程学习指导(第2版).高等教育出版社,2007.8
15. 闵联营,何克右.C++程序设计习题集和实验指导.清华大学出版社,2010.8
16. 刘卫国,杨长兴.C++程序设计实践教程.中国铁道出版社,2008.3
17. 杨进才,沈显君,唐土生.C++语言程序设计教程(第2版)习题解答与实验指导.清华大学出版社,2010.5
18. 刘慧宁,孟威,王东.C++程序设计教程习题解答及上机实践.机械工业出版社,2006.5
19. 陈维兴.C++面向对象程序设计习题解答与实验指导.清华大学出版社,2005.11
20. 宛延闿,甄炜,李俊.C++语言和面向对象程序设计教程习题解答及上机实践.机械工业出版社,2005.7
21. 马锐,胡思康.C++语言程序设计习题集.人民邮电出版社,2003.1